IRE

O.6

I0001833

LEÇONS ÉLÉMENTAIRES

D'ARITHMÉTIQUE

RAISONNÉE,

A L'USAGE DES ÉCOLES PRIMAIRES,

DES CLASSES ÉLÉMENTAIRES,

ET DES ASPIRANTS AUX BREVETS DE CAPACITÉ POUR
L'INSTRUCTION PRIMAIRE;

PAR J.-J. BAGET,

Professeur de Philosophie et de Mathématiques, Principal du collége
de Château-Thierry, etc.

DEUXIÈME ÉDITION,

REVUE ET CORRIGÉE.

——

Méthode théori-pratique.

PARIS.

PITOIS-LEVRAULT & Cie,

RUE DE LA HARPE, 81.

——

1839.

EXTRAIT DU CATALOGUE GÉNÉRAL
De la Librairie de Pitois-Levrault et Cie,

L'ÉCHO DES ÉCOLES PRIMAIRES,

Journal des Instituteurs et Institutrices, 3e année, prix pour 1 an : 6 fr.

Abécédaire de chant ; par J. Maimné, 1 fr.

Abrégé de la Grammaire populaire, par Ch. Martin. 1 vol. in-12. 60 c.

Abrégé de géographie, par Lusa. 1 fr.

Analyse grammaticale raisonnée, par Martin. in-12. 75 c.

Analyse logique raisonnée, par le même, in-12. 75 c.

Arithmétique des écoles primaires in-12. 30 c.

Arithmétique raisonnée, par Baget. 1 vol. in-12. 1 fr. 75 c.

Art d'enseigner la langue française, par Ch. Martin. 1 vol. in-12. 1 fr. 75 c.

Bibliothèque élémentaire de chant. 40 c. livraison dont 5 ont paru.

Caisses d'épargne des écoles primaires, registre de dépôt, 1 fr. 25 c. en cahiers de reçus, 1 fr. 25 c. chaque.

Cent mélodies enfantines, par Maimné.

Choix de poésies faisant suite aux secondes lectures françaises, partie 2 e. 2 fr 50 c.

Collection de tableaux représentant plus de 3,000 problèmes à résoudre avec le cahier des solutions, par Ferber. 1 fr. 25 c.

Cours pratique de cosmographie et de géographie, par MM. Ch. Martin et Édouard Braconnier. 1 vol. 1 fr. 50 c.

Cours de lecture ; par Vanier. 1 fr. 75 c.

Domine salvum fac regem � , à 3 parties, suivi d'un O salutaris, par de Lafage. 60 c.

Éléments de calcul et de dessin linéaire, par Pénot. 2 fr. 50 c.

Éléments de dessin linéaire. 60 c.

Enseignement du Calcul mental, par Ferber. 1 vol. in-12. 1 fr. 25 c.

Erreurs grammaticales ou les Pourquoi et les Parce que de la langue française. 1 vol. in-18. 1 fr. 50 c.

Exercices pour former le raisonnement des enfants, par Reusner, 1 fr.

Géographie universelle, par Houzé. 3 fr.

Grammaire des écoles primaires supérieures, par Ch. Martin et Braconnier. 1 fr. 75 c.

Grammaire populaire pratique, par Ch. Martin. Nouvelle édition. in-12. 1 fr. 25 c.

Grammaire pratique de Vanier. in-12. 75 c.

Grammaire française de Lhomond, annotée par Ch. Martin. 30 c.

Grandes cartes muettes. 4 fr.

Guide de l'instituteur primaire pour l'enseignement du calcul et plus particulièrement du système métrique, par C. Ferber. 1 vol. in-12. 1 fr. 50 c.

La clef des participes, par Vanier. 1 vol. in-12. 1 fr. 50 c.

La Morale en action, revue par Quitard et Ch. Martin. 1 vol. in-12. 1 fr.

L'ami des écoliers, par Maeder. 1 fr. 50 c.

L'art d'enseigner à lire aux enfants ainsi qu'aux adultes, par V. A. Vanier. 1 vol. in-12. 30 c.

Leçons abrégées d'arithmétique, par Baget. 90 c.

Leçons graduées de lectures manuscrites, par Ch. Martin. 1 vol. in-12. 75 c.

Leçons primaires d'arpentage, par Gillet-Damitte. 75 c.

Leçons primaires de géodésie, par le même. 75 c.

La composition ou des éléments de la langue française ou Rhétorique pratique des écoles primaires, nouvelle édition, par Ch. Martin, partie du maître 1 vol. in-12. — 1 c. partie de l'élève. 1 vol. in-12. 1 c.

Lectures morales et récréatives, par Ch. Martin. 1 vol. in-12. 90 c.

Le voleur grammatical, par Martin. 2 fr.

Livre d'instruction morale et religieuse. in-18. 1 fr. 25 c.

Mécanisme de l'écriture expédiée, Vanier, 1 fr.

Manuel d'exercices de style et de composition française, par Hollet. 1 fr. ; pour l'élève. 75 c.

Méthode de lecture, p. Abrix. in-18. 25 c.

Méthode pour la récitation, par Ch. Martin.

Méthode de chant pour les enfants et les ouvriers, par Maimné, 1 fr.

Méthode de chant pour voix d'homme, par le même. 1 fr. 50 c.

Nouveau dictionnaire français, par Ch. Martin d'après la dernière édition de l'Académie, précédé des particularités réduites à une seule règle, par Martin. 1 fr. 25 c.

Nouveaux éléments de grammaire en 45 leçons, par Teigné. 50 c.

Nouveau tableau de Braconnier, par M. A. Teigné. 3 fr.

Nouveaux éléments de géographie ; par Houzé. 75 c.

Petite géographie populaire, par Ch. Martin et Édouard Braconnier. 60 c.

Petite morale de l'écolier. 1 vol. in-18. 10 c.

Précis élémentaire de mathématiques, par J. Morand. Première partie, 2 fr. 50 c. ; deuxième partie, 3 fr.

Premières lectures françaises, par Willm. in-12. 1 fr.

Premières leçons ou introduction à l'étude du chant, par Maimné. 50 c.

Principes d'écritures, contenant 25 planches, par Marprez. 1 fr. 50 c.

Recueil de fac-similé de toutes espèces d'écritures. in-8. 1 fr.

Recueil de discours propres aux examens et distributions de prix, par Martin. 1 fr. 50 c.

Recueil de motets en plain-chant, par de Lafage. 3 fr.

Récompenses aux enfants sages et studieux. Collection de vol. in-12 à 18 etc.

Résumé de l'histoire de France, par Martin. 1 fr. 25 c.

Second livret de lecture. 1 vol. in-18. 30 c.

Secondes lectures françaises, p. Willm. 1 fr. 50 c.

Syllabaire, premier livret de lecture. 25 c.

Tableau synoptique ; par Vanier. 3 fr.

Théâtre des écoles primaires. p. Martin. 60 c.

Traité élémentaire des poids et mesures, par Pénot. 60 c.

Transparents ; par Vanier. 10 c.

Vocabulaire de la langue française, par Ch. Martin. 3e édition. in-12. 75 c.

LEÇONS ÉLÉMENTAIRES

D'ARITHMÉTIQUE

RAISONNÉE.

31706

On trouve chez le même Libraire :

ABRÉGÉ DES LEÇONS ÉLÉMENTAIRES D'ARITH-MÉTIQUE RAISONNÉE, à l'usage des commençants, par J.-J. BAGET, professeur de philosophie et de mathématiques, etc. 1 vol. in-12 cart. 90 c.

ÉTUDE DU CHANT,

A l'usage des Colléges, des Écoles primaires, des Écoles normales, des Écoles militaires et des Cours d'ouvriers ;

Par Joseph MAINZER.

PREMIÈRES LEÇONS,

ou

INTRODUCTION A L'ÉTUDE DU CHANT,

SUIVIE D'EXERCICES.

Première partie : Plain-chant. *Seconde partie :* Chant moderne.

Un cahier in-8°. Prix : 50 cent.

ABÉCÉDAIRE DE CHANT,

PAR DEMANDES ET PAR RÉPONSES.

Un vol. in-8°. Prix : 1 fr.

Méthode de Chant pour voix d'Hommes.

Un volume in-8°. Prix : 1 fr. 25 cent.

BIBLIOTHÈQUE ÉLÉMENTAIRE DE CHANT,

RECUEIL DE CHANTS FACILES.

Quatre Livraisons ont paru ; la cinquième est sous presse.

Chaque livraison in-8°, prix : 40 cent.

Une Instruction universitaire prescrit l'étude du chant dans les Ecoles primaires. Il fallait, pour faciliter les premiers pas dans cette carrière, une série de Leçons tout à la fois faciles, graduées et attrayantes. M. Joseph Mainzer, qui dirige avec tant de succès, depuis plusieurs années, les nombreux Cours d'ouvriers de la ville de Paris, s'est chargé de ce travail, et sa longue expérience de l'enseignement lui en a fait surmonter les difficultés avec un rare bonheur.

LEÇONS ÉLÉMENTAIRES
D'ARITHMÉTIQUE
RAISONNÉE,

A L'USAGE DES ÉCOLES PRIMAIRES,
DES CLASSES ÉLÉMENTAIRES,
ET DES ASPIRANTS AUX BREVETS DE CAPACITÉ POUR L'INSTRUCTION
PRIMAIRE ;

PAR J.-J. BAGET,
PROFESSEUR DE PHILOSOPHIE ET DE MATHÉMATIQUES,
PRINCIPAL DU COLLÈGE DE CHATEAU-THIERRY, ETC.

DEUXIÈME ÉDITION,
REVUE ET CORRIGÉE.

Méthode théori-pratique.

BIBLIOTHÈQUE ROYALE
I

PARIS.
PITOIS-LEVRAULT ET Cie,
RUE DE LA HARPE, 81.

1839.

Tout exemplaire non revêtu de notre griffe sera réputé contrefait et poursuivi comme tel.

Sitou-Leriault & Cie

IMPRIMERIE D'HIPPOLYTE TILLIARD,
RUE ST-HYACINTHE-ST-MICHEL, N° 30.

AVANT-PROPOS.

L'Arithmétique fait désormais partie essentielle, inséparable, de l'instruction primaire. Il ne s'agit plus pour elle de montrer à combiner machinalement des chiffres disposés d'avance et à l'aventure ; elle doit aider, par le secours des chiffres, au développement de l'intelligence ; montrer la puissance du raisonnement par des faits incontestables, et apprendre à reporter en toutes choses l'ordre et la clarté qui la distinguent. De plus, l'Arithmétique a, par elle-même et dans ses applications, une foule de résultats qu'il n'est plus permis d'ignorer, soit qu'on se borne à l'étude de cette science, soit qu'on veuille s'occuper de géométrie usuelle, de dessin linéaire, etc., comme l'indiquent les programmes, d'ailleurs fort *élastiques*, des écoles primaires, supérieures ou autres.

Qui veut la fin, veut les moyens. Ou bien il faut désespérer de voir l'instruction primaire atteindre le but qu'elle doit se proposer, ou bien il faut que toutes les méthodes de son enseignement cessent de se traîner dans l'ornière de la routine, et l'Arithmétique est assurément une des premières qui doive en être tirée. Ce que je dis ici, on l'a déjà senti depuis longtemps ; les écoles normales secondent le mouvement commencé dans la voie du progrès ; chacun doit y aider autant qu'il est en lui.

Le plus léger examen prouve jusqu'à l'évidence que la théorie du calcul est ignorée, faute de moyens suffisants pour le répandre dans les écoles.

Je pense donc qu'une théorie simple, présentée
avec autant de clarté que le sujet l'exige et le permet, serait un véritable service rendu à l'enseignement élémentaire. C'est là le but que je me suis
proposé.

Une fois convaincu de l'utilité que pourraient
retirer des *Leçons élémentaires d'Arithmétique
raisonnée* les élèves et les maîtres, restait à me dé-
cider sur l'ordre dans lequel il convenait le mieux
d'en disposer les divers objets.

Voici celui qui m'a paru le plus logique et le
plus commode à suivre, tant pour l'enseignement
que pour le cadre auquel je devais me restreindre.

Après quelques définitions de mots et l'exposé
de la numération des nombres entiers et des nombres décimaux, je distingue les opérations en deux
classes : à la première, je rapporte celles qui servent à augmenter les nombres ; à la seconde, celles
qui les diminuent. Cette marche a l'avantage de
grouper les opérations qui se ressemblent par l'analogie. A chacune d'elles, la théorie des nombres
décimaux, fractions ou fractionnaires, fait suite
à celle des entiers, et l'une, aidant à l'autre, est
éclaircie ou complétée par elle. L'extraction des
racines, quoique en apparence plus compliquée,
n'est, à bien prendre, qu'une sorte de division ;
et quand la théorie de cette dernière a été bien
comprise, celle des racines cesse de présenter les
mêmes difficultés. L'extraction des racines suit
donc la division, comme la formation des puissances suit la multiplication. Le calcul des carrés
et des cubes me paraît indispensable pour acquérir
des notions exactes et complètes sur le système
métrique.

Tout ce qui est relatif à la divisibilité des nombres me semble une conséquence de la théorie

de la division : je n'ai donc pas cru devoir les séparer.

Le système métrique devait naturellement suivre la théorie des opérations fondamentales. Je l'ai traité avec tous les développements qui m'ont paru essentiels. Ils auront l'avantage d'offrir des réponses aux principales questions qui peuvent être faites sur ce sujet, et de réunir, dans le même ouvrage, ce qu'on ne trouve qu'épars çà et là dans plusieurs.

Je termine cette première partie par un modèle d'exercices de théories, et par une série de problèmes gradués, applications des préceptes précédents, pour habituer l'élève à l'analyse raisonnée.

La seconde partie de l'ouvrage renferme les gégéralités sur les fractions ordinaires, les opérations dont elles sont susceptibles, leur comparaison avec les fractions décimales, le calcul des nombres complexes, les proportions, leurs applications et le calcul par progression.

Cette partie devait contenir moins de théorie et plus de faits, car les préceptes fondamentaux donnés dans la première sont encore applicables aux divers objets dont traite celle-ci ; aussi chaque leçon est-elle immédiatement suivie de problèmes, ou même quelquefois rédigée d'une manière toute pratique sur des questions tirées en partie du recueil de M. Ségey. Ici je me suis surtout attaché à rendre l'analyse claire et rapide. Je parle à un élève déjà familiarisé avec le calcul : il doit maintenant s'habituer à raisonner juste et vite ; et souvent je lui laisse le soin de vérifier par lui-même la justesse des raisonnements.

J'ai donné au calcul des anciennes mesures moins de développement qu'il n'en avait reçu dans la première édition de cet ouvrage; mais je n'ai pas cru qu'il soit encore opportun de les passer sous silence; car malheureusement le système nouveau n'est point assez répandu pour que nous puissions laisser l'autre enseveli dans le profond oubli qu'il mérite. Il faut s'occuper encore de la conversion des mesures, et cette conversion n'est possible que pour celui qui connaît les anciennes. Leur calcul devait faire suite au calcul des fractions, mais leur conversion ne pouvait être traitée qu'après les proportions.

Ai-je besoin de justifier l'emploi des signes dont je me sers dans les démonstrations? J'avoue que je ne puis partager l'opinion de ceux qui les rejettent. La mémoire n'a pas de peine à retenir sept ou huit signes dont la valeur et la signification passent bientôt dans ses habitudes, et leur emploi facilite beaucoup l'intelligence d'explications devenues plus lucides parce qu'elles sont moins prolixes. C'est surtout dans l'analyse raisonnée des problèmes que les signes ont un avantage incontestable, puisqu'ils permettent de raisonner sur des formules comme sur des résultats obtenus. Je n'ai pas non plus rejeté les mots *théorème*, *scolie* et *corollaire*; dès qu'ils ont, comme doivent l'avoir tous ceux dont on se sert, un sens clair et distinct dans l'esprit de l'élève, pourquoi donc n'en pas faire usage?

Enfin, pour compléter mon travail, j'ai mis à la fin de l'ouvrage une table, sous forme de questionnaire, que les élèves entre eux, ou leurs maîtres, peuvent augmenter ou modifier à leur gré, et à l'aide de laquelle on pourra diriger des exercices à haute voix devant le tableau noir, chaque question trouvant sa réponse dans un numéro correspondant.

Je terminerai cet exposé rapide par quelques conseils qu'une assez longue expérience me permet de donner à ceux qui croiront devoir suivre mes *Leçons*.

N'abordez l'étude des opérations que quand la numération sera sue et raisonnée d'une manière imperturbable. — Rendez-vous toujours compte de la raison théorique du procédé dont vous faites usage dans une opération, et rappelez-vous toujours qu'il n'y a pas d'effet sans cause. — Multipliez les exercices beaucoup plus qu'il ne m'a été possible de le faire, et appliquez rigoureusement à chaque cas nouveau les raisonnements que je n'ai pu faire que sur un seul. — Dans les fractions décimales, ne vous laissez pas rebuter par les difficultés apparentes de la subdivision de l'unité, familiarisez-vous avec les terminaisons en *ièmes*, et revenez sans cesse à leur numération. — Insistez surtout sur les théorèmes et l'analyse raisonnée des problèmes. — Dans la théorie des fractions et des proportions, revenez sans cesse sur les principes fondamentaux, et, par de nombreux problèmes, familiarisez-vous avec le calcul, et habituez-vous à énoncer clairement vos idées, soit par écrit, soit oralement, etc., etc.

Les maîtres trouveront dans leur propre savoir et dans leur expérience toutes les modifications qu'ils jugeront nécessaire d'apporter dans mes *Leçons*. Je n'ai voulu que leur fournir un programme qui pût, en abrégeant leurs travaux, déjà si fatigants, leur épargner un temps précieux pour d'autres études.

L'accueil favorable fait à mes *Leçons*, que la plupart des Instituteurs ont adoptées pour leurs écoles, et dont les développements sont publiés chaque mois dans *l'Echo*, m'obligeait à revoir un

1.

premier travail auquel mes nombreuses occupa-
tions ne m'avaient pas permis d'apporter toute la
correction désirable. J'ai donc fait disparaître les
fautes qui avaient échappé d'abord ; j'ai fait les
changements qui m'avaient été indiqués par les
praticiens ou par ma propre expérience, et, tel
qu'il est, je crois maintenant mon ouvrage digne
de la faveur qu'il a reçue, et que je m'efforcerai
toujours de mériter par mes travaux, consacrés
tout entiers à l'instruction de l'enfance.

LEÇONS ÉLÉMENTAIRES

D'ARITHMÉTIQUE

RAISONNÉE.

PREMIÈRE PARTIE.

NOTIONS PRÉLIMINAIRES.

1. Les mathématiques sont la science des grandeurs.
— On appelle *grandeur* tout ce qui peut être augmenté
ou diminué ; ainsi *la longueur*, *la surface*, *le volume
d'un corps*, *le poids*, *la vitesse*, *le nombre*, etc., sont
des grandeurs ; et on donne un nom différent à chacune
des parties des sciences mathématiques, selon l'espèce
de grandeur dont elle traite.

2. L'ARITHMÉTIQUE est la partie des sciences mathématiques qui traite des grandeurs numériques, c'est-
à-dire représentées par des *nombres*.

3. Un *nombre* est l'assemblage de plusieurs unités
de même espèce. — *L'unité* est la chose qui a été
ajoutée à elle-même pour faire un nombre ; c'est un
terme de comparaison aux grandeurs semblables à elle.

Par exemple, quand vous dites qu'il y a trente mètres de distance du point où vous êtes jusqu'à un autre
que vous désignez, vous comparez la ligne droite qui
réunit ces deux points à une longueur de convention,
qu'on appelle *mètre*, et donnez à entendre que celle-ci
est contenue trente fois dans l'autre.

4. Si l'objet est désigné parmi les autres de manière
à en donner une juste idée, l'unité est dite *concrète* ;
et on appelle *nombre concret*, celui qui est formé d'unités
dont l'espèce est ainsi déterminée : *cinq hommes*, *vingt
kilogrammes*, *cent douze mètres*.

Si l'espèce d'unité n'est pas désignée, le nombre qu'on

exprime est un *nombre abstrait*. Par exemple, *deux, trente-trois, cinq mille*.

5. On dit qu'un nombre est *entier*, quand il est formé par l'assemblage d'*unités entières. Trois mètres, cent litres.*

Mais on peut partager, par la pensée ou autrement, une unité en autant de parties que l'on veut, et chaque partie est une *fraction.* — On peut concevoir la réunion de deux ou plusieurs *fractions*, et le nombre qui les exprime s'appelle aussi une *fraction*, ou mieux, une *expression fractionnaire.* Tels sont : *trois quarts* de mètre, *vingt-deux centièmes* de mètre.

Enfin, si le nombre exprime des entiers et des parties d'entier, on l'appelle *nombre fractionnaire. Deux heures et demie, quinze litres et trois dixièmes.*

6. On dit qu'un nombre est *complexe*, quand il exprime différentes espèces d'unités qui pourraient être ramenées à une seule ; par exemple, quand on dit : ce vase pèse *deux hectogrammes et huit grammes*, on pourrait simplifier l'expression en disant : *deux cent huit grammes* ; alors le nombre devient *incomplexe*, parce qu'il n'exprime qu'une seule espèce d'unités.

7. Il y a deux manières de considérer l'arithmétique : quand elle traite des nombres en général, de leur composition, de leur décomposition, de tous les changements qu'ils peuvent éprouver, et qu'après l'observation de certaines lois constantes elle formule des règles et des préceptes pour les opérations de calcul, on l'appelle *arithmétique-théorique.*

Quand on applique à des nombres concrets les principes que l'on a d'abord donnés sur les nombres abstraits, on fait de l'*arithmétique-pratique.*

La première doit nécessairement précéder l'autre dans l'étude ; mais la seconde est indispensable pour se familiariser avec ces préceptes, et pour les besoins de la vie sociale. Les principes de la théorie n'auraient aucune utilité si la pratique ne venait en démontrer tous les avantages.

8. Il ne faut pas confondre l'arithmétique avec le *calcul.* Le calcul est, à proprement parler, l'art ou l'habileté

dans la combinaison des chiffres. L'arithmétique est la combinaison des nombres. On peut être très bon calculateur, et fort mauvais arithméticien. — Le calculateur n'a besoin que d'habitude ou de routine ; à l'arithméticien, il faut la science et le raisonnement.

9. Toutes les propositions que l'on peut faire sur les nombres se réduisent à deux : le *théorème* et le *problème*. L'un, particulier à l'arithmétique-théorique ; l'autre, à l'arithmétique-pratique : cependant le problème est quelquefois aussi un moyen de faciliter l'intelligence d'un principe.

Le *théorème* est l'énoncé d'une proposition qui devient évidente à l'aide d'un raisonnement qu'on appelle *démonstration*.

Le *problème* est une difficulté à résoudre. C'est une question dont la réponse s'appelle *solution*.

10. La démonstration d'un théorème et la solution d'un problème supposent très souvent la connaissance de certaines autres propositions qui n'ont pas besoin d'être prouvées ; celles-ci s'appellent *axiomes*.

L'*axiome* est donc une vérité tellement évidente par elle-même, qu'il suffit de l'énoncer pour qu'elle soit admise. En voici quelques uns qu'il faut retenir :

1° Le tout est plus grand qu'une partie, ou que quelques unes de ses parties.

2° Un tout est aussi grand que la somme de ses parties réunies.

3° Deux quantités égales sont encore égales quand on leur ajoute ou quand on leur retranche une même quantité.

4° Si à deux quantités inégales on ajoute ou l'on retranche une même quantité, la différence reste la même.

5° Trois quantités égales entre elles sont égales quand on les compare deux à deux.

Certains théorèmes deviennent, pour l'arithméticien, des vérités aussi certaines qu'un axiome.

11. Le *corollaire* est la conséquence d'un théorème démontré. Il est lui-même une sorte de théorème, mais dont l'intelligence est devenue si facile après la démons-

tration du théorème, qu'il suffit de l'énoncer pour le comprendre.

12. Le *scolie* est une remarque sur une ou plusieurs propositions dont on vient de s'occuper.

N. B. Les élèves doivent s'habituer de bonne heure à ne pas confondre les mots *principe* et *règle*, les mots *règle* et *opération*.

Un *principe* est une sorte de loi dont la vérité a été reconnue par l'expérience et par le raisonnement. — Une *règle* est l'énoncé de la marche à suivre dans l'exécution d'un calcul. — Une *opération* est une suite de calculs. Ne dites donc jamais que *vous faites* ou que *vous posez une règle*, pour dire que *vous faites* ou que *vous posez une opération*.

13. L'*hypothèse* est une supposition que l'on fait avant ou pendant une démonstration, pour en faciliter l'intelligence.

Première Leçon.

DE LA NUMÉRATION.

14. Pour représenter les nombres, il faut des mots ou des signes écrits ; mais les signes écrits doivent imiter, dans leurs combinaisons, celles des mots qu'ils traduisent.

La *numération* est la partie de l'arithmétique qui s'occupe de la représentation de tous les nombres imaginables, soit par des signes parlés, ou *mots*, soit par des signes écrits, ou *chiffres*. On peut donc distinguer la *numération parlée* et la *numération écrite*.

§ I. — NUMÉRATION PARLÉE.

15. Si l'on conçoit un nombre formé d'unités successivement ajoutées une à une, on verra que la limite des nombres ne peut être trouvée, car, quelque grand que soit celui que vous aurez imaginé, on pourra toujours y ajouter une unité.

Or, il aurait été impossible de créer autant de mots

qu'on peut former de nombres, et on a suppléé à la multitude infinie des mots par leur mode d'arrangement.

D'abord on a inventé dix mots pour exprimer les dix premiers nombres, qui sont aussi les plus simples ;

Ce sont : UN ;

DEUX , ou UN *ajouté* à UN ;

TROIS , ou UN *ajouté* à DEUX ;

Et ainsi de suite, QUATRE , CINQ , SIX , SEPT, HUIT, NEUF, DIX.

16. Au lieu de suivre cette progression naturelle, on a repris les mots déjà inventés dans l'ordre où je viens de les énoncer, et formant du mot *dix* le chef d'une nouvelle série de nombres, on l'a accouplé avec les neuf autres, de cette manière :

DIX-UN (1),	DIX-SIX ,
DIX-DEUX,	DIX-SEPT,
DIX-TROIS ,	DIX-HUIT,
DIX-QUATRE ,	DIX-NEUF,
DIX-CINQ ,	DIX-DIX ou VINGT.

VINGT est devenu le chef d'une troisième série ; et, combiné aussi avec les dix premiers, on a formé *vingt-un, vingt-deux..... vingt-dix* ou TRENTE ; et, procédant toujours selon la même marche, les mots TRENTE, QUARANTE , CINQUANTE , SOIXANTE , SEPTANTE (2),

---

(1) L'usage a fait admettre les mots

onze au lieu de dix-un ;
douze ————— dix-deux ;
treize ————— dix-trois ;
quatorze ———— dix-quatre ;
quinze ————— dix-cinq ;
seize ————— dix-six ,

sans doute à cause de leur plus fréquent emploi. — Au-delà l'esprit a, en quelque sorte, besoin de se représenter la formation du nombre pour en comprendre la grandeur.

(2) C'est encore par exception que l'on dit

soixante-dix au lieu de septante,
quatre-vingts ————— octante,
quatre-vingt-dix ———— nonante ;

car les mots tombés en désuétude sont mieux dans la nature du nombre qu'ils expriment.

OCTANTE, NONANTE, ont été des chefs de série, contenant toujours dix unités de plus que le précédent.

La combinaison de chacun d'eux peut se représenter ainsi :

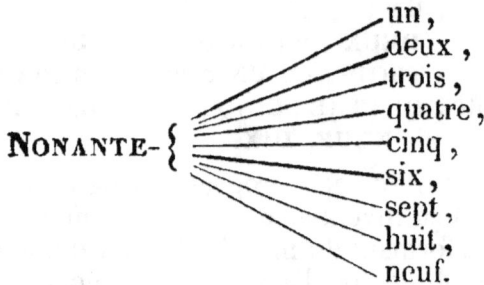

NONANTE-
{
un,
deux,
trois,
quatre,
cinq,
six,
sept,
huit,
neuf.

De sorte qu'à l'aide de dix-huit mots, on a pu représenter jusqu'à l'ensemble de *quatre-vingt-dix-neuf unités.*

La série des neuf premiers nombres a formé un premier ordre, appelé *ordre des* UNITÉS.

Les neuf autres séries ont formé un second ordre, appelé *ordre des* DIZAINES, c'est-à-dire que chacune de ces séries contient un certain nombre de fois dix unités.

Remarquez l'analogie entre le mot..... *trente,* ou trois dizaines, et le mot..... *trois;* entre le mot..... *soixante,* ou six dizaines, et le mot..... *six;*........... et ainsi des autres.

17. Une collection de dix dizaines a formé un troisième ordre, appelé *ordre des* CENTAINES, et le nombre formé par *quatre-vingt-dix-neuf,* plus *un,* se désigne par le mot CENT.

Cependant, au lieu d'inventer de nouveaux mots pour représenter la collection de deux ou plusieurs centaines, comme on en avait inventé pour représenter deux ou plusieurs dizaines, on a dit *un cent, deux cents, trois cents,* etc.; et, pour exprimer les nombres intermédiaires à une centaine et une autre, on énonce à la suite de la première l'un des quatre-vingt-dix-neuf premiers nombres : *trois cent soixante-huit.*

18. Dix-neuf mots suffisent donc pour exprimer une collection de *neuf cent quatre-vingt-dix-neuf unités ;* et ces trois ordres , *unités, dizaines* et *centaines ,* forment une première classe de nombres.

Avec une *unité* de plus , on forme un nombre désigné par le mot MILLE. C'est une collection de *dix centaines.*

Et , considérant *mille* comme le chef d'une deuxième classe de nombres, cette classe a été partagée en trois ordres, savoir : *unités de mille , dizaines de mille , centaines de mille.*

19. Dix centaines de mille ont pris le nom de MILLION ; le *million* a été considéré comme chef d'une troisième classe, distinguée aussi en trois ordres : *unités , dizaines , centaines.*

Une quatrième classe a eu pour chef le BILLION ou *milliard ,* et enfin le TRILLION , le QUATRILLION , etc.

Le tableau suivant peut donner une idée du système de numération parlée.

4e CLASSE.	5e CLASSE.	2e CLASSE.	1re CLASSE.
Billions.	*Millions.*	*Mille.*	*Entiers.*
Centaines. Dizaines. Unités.	Centaines. Dizaines. Unités.	Centaines. Dizaines. Unités.	Centaines. Dizaines. Unités.

Deuxième Leçon.

§ II. — NUMÉRATION ÉCRITE.

On vient de voir que *dix unités d'un ordre quelconque forment une unité de l'ordre suivant ;* c'est ce mode de combinaison qui fait appeler notre numération, *numération décimale.*

La NUMÉRATION ÉCRITE représente par des *signes écrits* tous les nombres possibles.

20. Pour imiter par l'écriture la simplicité de la nu-

mération parlée, on a d'abord représenté par neuf signes
différents les neuf premiers nombres.

Voici leur forme :

1,   2,   3,   4,   5,   6,   7,   8,   9.

Leur nom et leur valeur :

un, deux, trois, quatre, cinq, six, sept, huit, neuf.

Ces signes sont appelés *chiffres*; chacun représente autant d'unités que son nom l'indique, et tous s'appellent,
pour cela, *chiffres significatifs*.

21. Pour imiter avec les chiffres la combinaison des
nombres parlés, on est convenu que chacun de ces
chiffres significatifs pourrait valoir autant de fois dix unités que d'abord, et par lui-même, il vaut d'unités, c'est-
à-dire que le 1 vaudrait *une dizaine*, le 2, *deux dizaines*,
et ainsi des autres, et que cette valeur nouvelle serait
indiquée par sa position. Pour cela, il a fallu inventer
un signe neutre, sans valeur par lui-même, que l'on a
appelé *zéro*, et dont voici la forme 0 ; puis on est convenu que l'un des chiffres écrit à gauche du zéro pren-
drait une valeur décuple de sa valeur primitive.

Ainsi 10 représente 1 dizaine ou DIX UNITÉS.
  20 ————— 2 dizaines ou VINGT.
  30 ————— 3 ————— TRENTE.
  40 ————— 4 ————— QUARANTE.
  50 ————— 5 ————— CINQUANTE.
  60 ————— 6 ————— SOIXANTE.
  70 ————— 7 ————— SEPTANTE.
  80 ————— 8 ————— OCTANTE.
  90 ————— 9 ————— NONANTE.

22. Pour exprimer les nombres intermédiaires à deux
dizaines consécutives, on remplace le zéro par le chiffre
qui représente les unités excédantes.

Ainsi, pour écrire *trente-huit*,
    on écrira   3   8......38,
en substituant le 8 au zéro, à droite du 3.

La combinaison des dizaines avec les unités est donc la même que dans la numération parlée. Ainsi :

vingt-un. . . . . . (vingt-un)
  2 1. . . . . 21.
vingt-deux. . . . . (vingt-deux)
  2 2. . . . . 22.
nonante-neuf. . . . (quatre-vingt-dix-neuf)
  9 9. . . . . 99.

23. En suivant la même convention, on a dit : de même qu'un des neuf chiffres significatifs placé à gauche du zéro vaut autant de dizaines qu'il vaut d'unités simples quand il est seul, de même il représentera autant de centaines quand il sera à gauche de deux zéros. Ainsi :

100 signifiera 1 centaine ou 1 fois dix dizaines.
200 ————— 2 ————— 2 ————————
300 ————— 3 ————— 3 ————————

Et substituant aux zéros les chiffres nécessaires, on représentera les nombres intermédiaires à deux centaines consécutives,

trois-cent-vingt-sept
  3   2   7. 327,
cinq-cent-huit
  5   0 8. 508,

jusqu'à 9 centaines, 9 dizaines et 9 unités, ou 999 (*neuf cent quatre-vingt-dix-neuf*).

Ainsi, comme dans la numération parlée, la première classe de nombres comprend trois ordres : *unités, dizaines, centaines.*

24. La deuxième classe, ou celle des *mille,* composée aussi de trois ordres, s'écrira d'après la même loi de position.

Chaque chiffre vaudra donc autant de fois *dix centaines* que son nom indique d'unités, quand il sera placé à la gauche des centaines, c'est-à-dire au quatrième rang. Mais en considérant les mille, indépendamment de la première classe, on peut dire que le quatrième rang est le premier rang de la deuxième classe ; les dizaines de mille tiendront le deuxième rang, les centaines de mille le troisième rang, et on aura des *unités de mille*, des *dizaines de mille*, des *centaines de mille*.

Ainsi 368 signifiera, *trois centaines, six dizaines, huit unités de mille*, si la première classe est remplacée par trois zéros, de cette manière, 368000.

25. Pour la troisième classe, ou celle des *millions*, on disposera les trois ordres de la même manière, en suivant les mêmes principes : 368 signifiera 368 millions, si les deux premières classes sont remplacées par des zéros, 368000000.

26. Par ce qui précède, on peut voir que les chiffres ont deux valeurs : une absolue, une relative.

La valeur absolue d'un chiffre est celle qu'il doit à sa forme et à la convention établie. La valeur relative est celle qu'il doit à sa position. Ainsi le chiffre 5 ne vaut par lui-même que *cinq unités* ; mais, à mesure qu'il recule d'un rang à gauche, il prend une valeur croissant de dix en dix ; il vaut successivement

Cinq dizaines. 50
Cinq centaines 500
Cinq mille 5000
Cinquante mille. 50000

On comprend toute l'importance du chiffre zéro, qui, destiné à tenir la place des ordres qui peuvent manquer à chaque classe, oblige par conséquent chaque chiffre significatif à tenir le rang qui lui convient.

Troisième Leçon.

27. Toutes les difficultés de la numération pratique se réduisent à deux : 1° lire un nombre écrit ; 2° écrire un nombre dicté.

Pour lire un nombre de deux ou trois chiffres, tel que 824, on appelle chaque chiffre avec le nom de l'ordre qu'il représente, en commençant par l'ordre le plus élevé, de cette manière, 8 cents, 20 et 4, car il peut se décomposer en 800 ou 8 centaines,

20 ou 2 dizaines,

4 ou 4 unités.

Mais on abrège en disant : *huit cent vingt-quatre unités*. De même 503 signifie *cinq cent trois*.

Pour lire le nombre 57804326, on forme les classes en partageant le nombre en tranches de trois chiffres à partir de la droite, de cette manière :

MILLIONS.	MILLE.	ENTIERS.
57	804	326
Dizaines. Unités.	Centaines. Dizaines. Unités.	Centaines. Dizaines. Unités.

Par là, chaque classe renferme ses trois ordres d'unités, à l'exception de la première à gauche, qui peut n'en avoir qu'un ou deux ; puis on lit le nombre de gauche à droite, en appelant d'abord les unités les plus élevées de chaque classe, de cette manière :

57 millions, 804 mille, 326 entiers.

De sorte que, quand on sait lire trois chiffres, on peut lire facilement tous les nombres. Car, chaque classe peut être nommée indépendamment de la classe voisine ; il suffit d'appeler le nom de la classe, après avoir énoncé le nombre représenté par les chiffres qui les composent ; 804 signifierait 804 millions, s'il était à la troisième tranche, et 804 unités, s'il était à la première.

EXERCICES : 80718430006, signifie :

80 billions, 718 millions, 430 mille, 6 unités.

35000010047. signifie : 35 billions, 10 mille, 47 unités.

Lisez : 71008153. — 107500089. — 8100000003. — 53180101016. — 90000. — 37308500. — 11700110. — 5061. — 400400040.

28. Maintenant, proposons-nous d'écrire en chiffres : *trois millions cinquante-quatre mille deux cent huit entiers.*

On écrit un nombre en commençant par les unités de la plus haute classe, et remplaçant par des zéros les ordres d'unités qui pourraient manquer dans chacune. Ainsi un 3 composera la tranche des millions ; 054 composera la tranche des mille, puisqu'elle n'a pas de centaines ; 208 composera celle des entiers ; et les écrivant à la suite l'un de l'autre sans intervalle, il viendra..... 3054208.

EXERCICES. Écrivez en chiffres : 52 millions, 34 unités. — 33 billions, 22 mille, 50 unités.

Écrivez en chiffres 33 mille, 7 unités. — 28 millions, 4 unités.

Écrivez en chiffres 702 mille, 3 unités. — 1 million, 12 unités. — 38 mille, 7 unités. — 63 millions, 500 unités. — 900 mille, 78 unités.

29. *N. B.* Dans les exercices ou les démonstrations sur la numération, ne partagez jamais les tranches par des virgules ; habituez-vous à faire ces divisions par la vue, ou bien si vous jugez nécessaire de les séparer, employez de préférence de petits traits verticaux, de cette manière : 30 | 175 | 184 | 009.

Ou bien seulement des espaces,   30   175   184   009.

De même, quand vous écrivez un nombre entier, ne mettez jamais de virgule pour séparer les classes. Celui qui vous lit doit savoir lire, et vous devez réserver la virgule pour les fractions décimales dont nous allons parler.

Quatrième Leçon.

NUMÉRATION DES NOMBRES DÉCIMAUX.

30. En lisant un nombre écrit, on voit que les chiffres ont une valeur de dix en dix fois plus faible, à mesure que l'on descend de rang en rang vers la droite. Une centaine est la dixième partie d'un mille ; une dizaine, la dixième partie d'une centaine ; une unité la dixième partie d'une dizaine.

Cela posé : quand on aura partagé l'entier en dix parties égales, chacune de ces parties s'appellera *un dixième* ; ce dixième pourra aussi être partagé en dix autres parties égales que l'on appellera *centièmes* : chaque centième contiendra dix autres parties égales appelées *millièmes* ; chaque millième contiendra *dix dixmillièmes* ;

chaque *dixmillième, dix cent millièmes,* et ainsi de suite, en décroissant toujours de dix en dix. Ce sont ces subdivisions que l'on appelle *fractions décimales;* donc :

31. *Une fraction décimale* est une partie d'entier partagé en parties égales, de dix en dix fois plus petites, et telles que dix parties d'un ordre quelconque sont égales à une partie de l'ordre immédiatement supérieur.

On appelle aussi fraction décimale, et mieux encore, *expression fractionnaire décimale,* l'assemblage de plusieurs parties de l'entier partagé comme il vient d'être dit. Si l'expression parlée ou écrite énonce des entiers réunis à des parties d'entier, on l'appelle *nombre fractionnaire.*

32. On n'a pas eu besoin d'inventer de nouveaux signes pour écrire les fractions décimales; leur mode de formation seul indiquait la manière de faire usage des chiffres déjà usités pour les entiers. En effet :

Si, dans le nombre 11, par exemple, le 1 de droite ne représente que la dixième partie de celui de gauche, on comprend que, par analogie, on a pu convenir qu'un 1 placé à droite de l'unité vaudrait dix fois moins, ou *un dixième :*

$$11 \quad 1$$

Dizaines.
Unités.

Dixièmes.

Par la même raison, tout autre chiffre placé à droite du rang des unités vaudra autant de *dixièmes* que son nom exprime d'unités; 5, vaudra *cinq dixièmes;* 8, *huit dixièmes.*

33. Pour désigner le rang des dixièmes, on écrit une virgule à la droite des unités, de cette manière :

ENTIERS. | DIXIÈMES.

$$5 \quad , \quad 5$$

Une fois le rang des dixièmes bien déterminé, il est facile d'imaginer quels doivent être ceux des *centièmes,* des *millièmes,* des *dixmillièmes,* etc.

Pour que le 5 exprime des centièmes, il doit occuper la droite des dixièmes, et on remplace les dixièmes par un 0 :

5, 05

cinq entiers, cinq centièmes.

A la droite des centièmes, il viendra cinq millièmes :

5, 005

cinq entiers, cinq millièmes;

et ainsi de suite..... 0005, 00005.

On peut donc établir des classes d'unités fractionnaires décimales, comme il y a des classes d'unités entières.

1re CLASSE.	2e CLASSE.	3e CLASSE.
. . . .	*Millièmes.*	*Millionièmes.*
Dixièmes. Centièmes.	Millièmes. Dixmillièmes. Centmillièmes.	Millionièmes. Dixmill.onièmes. Centmillionièmes.

34. Les questions sur la numération des nombres décimaux se réduisent à deux, comme pour les entiers : 1° lire ou écrire en lettres un nombre décimal écrit en chiffres ; 2" écrire en chiffres un nombre décimal demandé.

1° Lisez le nombre 24,68.

La virgule indique que ce nombre est composé d'entiers et de fractions ; c'est donc un nombre fractionnaire décimal.

Enoncez d'abord les entiers, puis énoncez les chiffres décimaux en les lisant comme un nombre entier ; mais donnez à la fraction le nom du rang occupé par le dernier chiffre ; et ici le 8 est au rang des centièmes ; vous direz donc : 24 entiers, 68 centièmes.

2° Lisez le nombre 78,040765.

La fraction appelée comme un entier signifie 40 mille 765 ; mais pour reconnaître l'espèce d'unité décimale écrite en dernier, on peut s'aider en partageant la fraction en tranches de 3 en 3 chiffres, à partir des unités, de sorte que la première tranche n'en contiendra que deux.

$$78, | 04 | 076 | 5$$

Dixièmes. Centièmes.	Millièmes. Dixmillièmes. Centmillièmes.	Millionièmes.

Donc le nombre donné signifie : 78 entiers, 40 mille, 765 millionièmes.

Cinquième Leçon.

35. Un nombre fractionnaire décimal peut s'énoncer de différentes manières sans cesser d'exprimer les mêmes subdivisions de l'entier. Par exemple, 4,659 pourra s'énoncer en disant :

4 entiers, 659 millièmes ; ou bien :

46 dixièmes, 59 centièmes de dixièmes ; ou bien :

465 centièmes, 9 dixièmes de centième ; ou bien :

4659 millièmes.

Le nom de l'unité principale est changé, mais la valeur numérique est restée la même ; c'est ce qu'il faut démontrer.

Nous avons déjà dit que dix unités d'un ordre quelconque en valent une de l'ordre supérieur : que 10 centièmes égalent un dixième, que 10 millièmes égalent 1 centième, etc. ; par conséquent dix unités d'un ordre, en valent cent du deuxième ordre supérieur à celui que l'on considère, mille du troisième ordre supérieur, etc. ; ainsi 100 millièmes, valent 10 centièmes, 1 dixième ; 100 dixmillièmes valent un centième ; et, réciproquement, 1 dixième égale 10 centièmes, 100 millièmes, 1000 dixmillièmes, etc. ; or dans le nombre donné, 4,659 la fraction 659 millièmes peut se décomposer en 6 dixièmes. 0,6

5 centièmes. 0,05

9 millièmes. 0,009,

2

mais à cause des valeurs relatives, on peut établir aussi

Entiers.	Dixièmes.	Centièmes.	Millièmes.
que : 4 égalent	40 égalent	400 égalent	4000
que . . . . 6 égalent	60 égalent	600	
que . . . . 5 égalent	50		
que 9			

Et comme on peut prendre pour unité principale l'une ou l'autre des unités, on aura toujours la même valeur numérique : le nom de la fraction décimale pourra changer, mais des centièmes de dixième sont des millièmes, des dixièmes de centième sont aussi des millièmes, donc le nombre est toujours le même.

36. *Corollaire.* — De cette démonstration on tire le principe suivant :

Un zéro, ou plusieurs zéros à la droite d'une expression décimale n'en changent pas la valeur ; ainsi 58 entiers, pourront signifier 580 dixièmes, 5800 centièmes, etc. — On aura une expression chiffrée 10 fois, 100 fois, 1000 fois plus grande, mais une valeur réelle 10 fois, 100 fois plus petite, par l'espèce d'unité représentée.

2e *Corollaire.* En appliquant ce principe aux nombres entiers, on pourrait en changer la dénomination sans en altérer la valeur ; ainsi, au lieu de 268 entiers, on pourrait dire 26 dizaines 8 dixièmes de dizaine ; ou bien encore : 2 centaines et 68 centièmes de centaine. Cette remarque trouvera son application dans la nomenclature des nombres concrets décimaux.

37. Écrivez en chiffres un nombre dicté : soit 84 centièmes.

Le nombre proposé est une fraction, puisque 1 entier exprimé en centièmes vaudrait 100 centièmes : donc 84 centièmes est plus petit que 1.

Quand le nombre donné est une fraction décimale, on tient la place des entiers par un zéro qui détermine la position de la virgule. Puis, après la virgule, on écrit la fraction décimale de telle manière que le dernier chiffre significatif se trouve au rang de la décimale demandée. Ici on demande des centièmes, j'écris donc 0,84 :

38. Soit à écrire en chiffres : 602 centmillièmes.

En général on écrit la partie fractionnaire comme on écrirait les chiffres significatifs d'un nombre entier... 602; puis, à gauche, on écrit assez de zéros pour que le dernier chiffre significatif soit à son rang. — Ainsi, comme pour avoir des centmillièmes il faut cinq chiffres (n° 33), j'écrirai deux zéros à gauche du 6, de cette manière 00602, et mettant un zéro pour tenir la place des entiers, il viendra 0,00602.

Ecrire en chiffres 178 entiers, 2 dixmillièmes.

On écrit d'abord les entiers, puis la fraction d'après les règles précédentes, en ayant soin de poser la virgule après les unités; et on a : 178,0002.

39. SCOLIE sur la virgule.

La virgule occupe un emploi très important dans la représentation des nombres décimaux. Supposez en effet qu'au lieu d'écrire 178,0002

j'aie écrit 17,80002, en mettant la virgule un rang plus à gauche; le nombre aurait été dix fois plus petit que ce qu'il devait être; car le 7 qui devait représenter des dizaines n'exprime que des unités; le 1 exprime des dizaines au lieu d'exprimer des centaines; et tous les chiffres décimaux représentent des unités d'un ordre inférieur à celui qu'ils devaient représenter, donc tout le nombre est devenu dix fois plus faible.

Si j'eusse écrit 1,780002, il eût été cent fois plus faible.

Au contraire, il serait devenu dix fois plus fort que ce qu'il devait être, si j'avais écrit 1780,002, car chaque chiffre aurait occupé le rang d'un ordre d'unités dix fois plus fort que celui qu'il devait représenter; donc, tout le nombre eût été dix fois plus fort.

N. B. Nous verrons, en traitant des opérations sur les nombres décimaux, que le déplacement de la virgule suffit pour rendre un nombre 10 fois, 100 fois, 1000 fois plus grand ou plus petit.

EXERCICES DE NUMÉRATION.

Lisez : 0,003005. — 0,7100416. — 28,7104. — 60,1714004. — 8,000001.

Donnez les divers énoncés des expressions 64,0007. — 18,743. — 17,00405.

Ecrivez en chiffres : 34 millionièmes. — 58 centmillièmes. — 176 entiers 22 dixmillionièmes.

Sixième Leçon.

DES OPÉRATIONS D'ARITHMÉTIQUE.

40. On désigne sous le nom d'*opérations* les procédés que l'on emploie pour faire subir aux nombres les changements dont ils sont susceptibles.

Ces changements se réduisent à deux : augmenter les nombres et les diminuer.

41. On augmente les nombres par trois opérations. *L'addition, la multiplication, la formation des puissances* ; on les diminue par trois autres opérations : *la soustraction, la division, et l'extraction des racines.*

Chaque opération amène un résultat que l'on exprime aussi par un nombre, et qui, seul, doit être égal à ceux que l'on a composés ou comparés ensemble.

42. Tout nombre égal à un ou à plusieurs autres forme avec eux une *égalité.*

Une égalité a pour signe = qui signifie *égal*, ou *est égal à*. Ainsi chacun sait que 2 augmenté de 2 = 4.

Toute égalité se compose donc de deux parties écrites, l'une à gauche, l'autre à droite du signe =, et chacune de ces parties se nomme *membre* de l'égalité : celui de gauche est le premier membre, celui de droite est le second.

Chaque membre peut se composer de plusieurs nombres diversement combinés. C'est ce que la suite nous apprendra.

DES OPÉRATIONS PAR LESQUELLES ON AUGMENTE LES NOMBRES.

DE L'ADDITION.

43. L'ADDITION est une opération qui sert à réunir des nombres de même espèce pour n'en former qu'un seul. Le résultat s'appelle *somme* ou *total*.

L'addition des nombres s'indique par le signe $+$, qui signifie *plus*. Ainsi pour exprimer que l'on devra ajouter ensemble les nombres 8, 20, 4, etc, on écrit $8 + 20 + 4$, etc.

§ I. — ADDITION DES NOMBRES ENTIERS.

44. Quand les nombres à additionner sont exprimés par un seul chiffre, on ne peut donner aucun précepte opératoire. L'opération consiste uniquement à réunir les unités d'un chiffre avec celles d'un autre, puis la somme obtenue avec les unités d'un troisième chiffre, etc. Ainsi : soit proposé d'additionner les nombres 4, 5, 7, 1, 9 ; j'écrirai $4 + 5 + 7 + 1 + 9 = 26$, égalité que j'obtiens en disant : $4 + 5 = 9 ; \ldots + 7 = 16 ; \ldots + 1 = 17 ; \ldots + 9 = 26$, Pour cela, il faut de très bonne heure s'exercer à ce mode de combinaison, d'autant plus que, par le fait, l'addition des plus grands nombres se réduit à additionner chiffre par chiffre (1).

45. Quand les nombres à additionner sont exprimés par plus d'un chiffre, voici la RÈGLE :

On écrit les nombres les uns sous les autres, en faisant correspondre, dans la même ligne verticale, les chiffres qui représentent des unités de même ordre, et l'on souli-

---

(1) Nous ne voyons pas grand avantage à faire des tables d'addition. La méthode la plus simple, c'est de s'exercer beaucoup à composer des sommes, en s'aidant avec les dix doigts, qui paraissent être l'origine de notre système de numération ; et, par l'habitude, l'esprit arrive promptement à former les combinaisons les plus ordinaires. *Voyez* les développements que nous avons donnés dans l'*Echo des Ecoles primaires* (année 1837).

gne le dernier d'un trait horizontal ; on additionne chaque colonne en commençant par la droite, c'est-à-dire
par celle qui contient les unités de plus faible espèce ; si
si la somme des unités d'une colonne est moindre que 9,
ou égale à 9, on l'écrit telle qu'elle est, au-dessous de la
barre, et à son rang : mais si la somme surpasse 9, on
écrit les unités simples et on retient les dizaines pour les
additionner avec les chiffres de la colonne suivante. En
effet, quelle que soit celle que l'on vient d'additionner,
dix des unités qu'elle renferme ne valent que 1 par rapport à la colonne suivante à gauche, et par conséquent les
dizaines reportées peuvent s'additionner comme autant
d'unités simples ; on continue ainsi jusqu'à la dernière
colonne, et la somme obtenue s'écrit alors telle qu'elle
est, puisqu'il n'y a plus de report à faire.

Soit proposé d'additionner $128 + 2009 + 47 + 5382 + 897$.

Je dispose les nombres de cette manière :

OPÉRATION.

$$
\begin{array}{r}
128 \\
2009 \\
47 \\
5382 \\
897 \\
\end{array}
$$

J'additionne d'abord les unités simples, en disant :
$8 + 9 = 17 ; \ldots + 7 = 24 ; \ldots + 2 = 26 ; \ldots$
$+ 7 = 33$. Mais 33 unités simples = 3 dizaines,
plus 3 unités ; j'écris les 3 unités sous leur colonne respective, et je reporte les 3 dizaines à la
colonne des dizaines, auxquelles je les ajoute en
disant :

$$
\begin{array}{r}
128 \\
2009 \\
47 \\
5382 \\
897 \\
\hline
8463 \\
\end{array}
$$

3 de retenue $+ 2 = 5 ; \ldots + 0 = 5 ; \ldots + 4$
$= 9 ; \ldots + 8 = 17 ; \ldots + 9 = 26$. Or, 26 dizaines = 2 centaines plus 6 dizaines ; j'écris 6 dizaines et
reporte 2 à la colonne des centaines.

2 de retenue $+ 1 = 3 ; \ldots + 3 = 6 ; \ldots + 8 = 14 ; \ldots$
14 centaines = 1 mille $+ 4$ centaines ; j'écris 4 et reporte 1, et je termine en disant : $1 + 2 = 3 ; \ldots + 5$
$= 8$, que j'écris sous la colonne des mille.

Donc la somme des cinq nombres 128 + 2009 + 47 + 5382 + 897 = 8463.

46. *Scolie*. 1º Dans la pratique on ne fait pas attention à l'espèce d'unité de la colonne sur laquelle on opère; on la considère comme ne représentant que des unités simples, relativement à celle qui la suit à gauche : ceci est fondé sur la numération (25 et 26).

Scolie. 2º Si, dans les chiffres que l'on additionne, il y a des zéros, on peut, comme nous l'avons fait à la 3e colonne, passer de suite au chiffre suivant sans y faire attention.

Scolie. 3º Les sommes partielles, obtenues à chaque colonne, pourraient être additionnées séparément, et donner la même somme totale.

Ainsi : 33 unités, + 23 dizaines, + 12 centaines, + 7 mille, additionnés de la même manière :

$$
\begin{array}{r}
33 \\
230 \\
1200 \\
7000 \\
\hline
\end{array}
$$

donneraient pour somme 8463

On pourrait donc écrire la somme partielle de chaque colonne de cette manière :

à mesure qu'on l'obtient, et après une deuxième addition, on obtiendrait le même résultat.

$$
\left.\begin{array}{r}
128 \\
2009 \\
47 \\
5382 \\
897
\end{array}\right\} \text{Addition donnée.}
$$

$$
\begin{array}{l}
33 \text{ unités.} \\
23 . \text{ dizaines.} \\
12 .. \text{ centaines.} \\
7 ... \text{ mille.} \\
\hline
8463
\end{array}
$$

Mais ce mode d'opération aurait l'inconvénient d'obliger à une seconde, et même à une troisième addition que l'on évite par l'addition des retenues.

Scolie. 4º En rendant ainsi chaque somme partielle indépendante de la colonne précédente, il serait indifférent de commencer par la gauche. Ainsi, reprenant encore les **quatre** nombres donnés, on aura d'abord :

$2 + 5 = 7$; puis : $1 + 3 = 4$;....   128
$+ 8 = 12$; puis : $4 + 2 = 6$;.... +   2009
$8 = 14$;.... $+ 9 = 23$; puis enfin : 8 47
$+ 9 = 17$;... $+ 7 = 24$;.... $+ 2 =$ 5383
26;.... $+ 7 = 35$;   897

7 ... mille.
12 .. centaines.
23. dizaines.
35 unités.

Et ces sommes, disposées d'après leurs valeurs relatives, et additionnées encore par la gauche, donneront. 8463

Mais on aurait encore l'inconvénient de faire plus d'une opération.

EXERCICES : $5174 + 23809 + 88459 + 592 =$

$240007 + 875 + 29954 + 8954 =$

$87244 + 87459 + 174\ 30009 + 7000 =$

Septième Leçon.

§ II. — ADDITION DES NOMBRES DÉCIMAUX.

47. RÈGLE. Si les nombres sont fractionnaires, l'addition se fait comme celle des entiers. Après avoir disposé les nombres les uns sous les autres, de manière à ce que les chiffres exprimant des unités de même espèce se correspondent dans la même colonne verticale, on additionne d'abord celles de l'espèce la plus faible, et l'on continue ainsi de colonne en colonne, de droite à gauche, et reportant toujours les dizaines excédantes; on sépare, sur la droite du total, par une virgule, autant de chiffres décimaux qu'il y en a dans celui des nombres additionnés qui en contient le plus.

Soit à additionner les nombres : 27,08+487,749+8,0019+16,7843, on aura pour opération :

OPÉRATION.

$$27,08$$
$$487,749$$
$$8,0019$$
$$16,7843$$

et pour somme. 539,6152

Le mode opératoire doit être absolument le même que pour les entiers, puisque le rapport d'une unité décimale d'un ordre quelconque comparé à l'ordre immédiatement supérieur est toujours de 1 à 10. Ainsi, par exemple, le rapport de un millième à un centième est le même que de 100 à 1000; ou, en d'autres termes, un centième contient 10 millièmes, comme 1000 contient dix fois 100. Donc, rien n'empêche d'additionner les chiffres décimaux comme les entiers eux-mêmes. En effet, la première colonne de droite représente ici des dixmillièmes, nous avons donc 9+3=12 dixmillièmes, et comme 12 dixmillièmes = 1 millième + 2 dixmillièmes, j'écris 2 et reporte un millième; j'additionne ce millième avec la colonne suivante qui est celle des millièmes, et je trouve qu'elle en contient 1 + 9 + 1 + 4 = 15; mais 15 millièmes + 1 centième + 5 millièmes, etc., etc.

En continuant ce raisonnement, on conçoit que l'opération rentre absolument dans celle des entiers.

En négligeant la virgule, on a opéré sur des nombres dix mille fois plus forts que ce qu'ils étaient réellement; on ramène donc la somme à sa juste valeur en séparant quatre chiffres décimaux. (*Voyez* 39).

48. Si les nombres sont des fractions, l'addition se fait d'après les principes que nous venons d'exposer pour les nombres fractionnaires, et la théorie est absolument la même. La seule différence, c'est qu'après avoir additionné les dixièmes, on écrit au rang des entiers, autant d'unités qu'il peut y avoir de fois 10 dans cette colonne, car 10 dixièmes = 1, 20 dixièmes = 2... etc.

2.

Soit à additionner $0,8 + 0,34 + 0,09 + 0,453 + 0,7$, on aura pour opération :

OPÉRATION.

$$
\begin{array}{r}
0,8 \\
0,34 \\
0,09 \\
0,453 \\
0,7 \\
\hline
\end{array}
$$

et pour somme. 2,383

49. L'opération faite en négligeant la virgule, on trouve 2383 ; mais ce sont 2483 millièmes, puisque le chiffre de premier rang à droite exprime des millièmes. Or, nous savons que 2000 millièmes $= 2$; donc 2383 millièmes $= 2,283...$. En insistant davantage, nous ne ferions que répéter ce que nous avons déjà dit dans la numération des parties décimales, à laquelle on ne saurait trop revenir.

Si les nombres donnés sont indistinctement entiers, fractionnaires ou fractions, le principe et la règle restent les mêmes.

EXERCICES : $93,007 + 0,734 + 9657,95 + 0,43 + 8793 =$
$436,63 \ 0,0039 + 64,775 + 0,9 =$
$5431 + 29 + 0,049 + 0,78 + 9,54 + 938 =$

Huitième Leçon.

DE LA MULTIPLICATION.

50. LA MULTIPLICATION a pour objet de composer un nombre avec deux autres, de la même manière que l'un des deux se compose lui-même avec l'unité. Ainsi, par exemple, multiplier 8 par 4 c'est chercher un troisième nombre 32 qui contient 8 autant de fois qu'il y a d'unités dans 4.

Le résultat d'une multiplication s'appelle *produit* ; les deux nombres qui concourent à le former se désignent l'un et l'autre par le nom de *facteur*; celui des deux *facteurs* que l'on veut multiplier s'appelle aussi *multiplicande*: celui par lequel on multiplie s'appelle *multiplicateur*, mais tous deux peuvent être indifféremment multiplicande ou multiplicateur. Le produit se nomme aussi *multiple*, et les facteurs *sous-multiples*.

La multiplication d'un nombre par un autre s'indique par le signe $\times$ que l'on écrit entre les deux facteurs; ainsi 8×4 signifie 8 *multiplié par* 4 ou 8 *multipliant* 4; et quand on sait que 32 est le produit de 8×4, l'expression $8 \times 4 = 32$ est une égalité.

Quand l'un des facteurs est composé, on l'enferme entre deux crochets; ainsi $[3 + 4]\ 7$ signifie que $3 + 4$ doivent être multipliés par 7.

De même $[3 \times 4][7 + 8]$ signifie que le produit des deux nombres renfermés dans les crochets à gauche, doit être multiplié par la somme de deux nombres enfermés dans les crochets à droite.

§ I. — MULTIPLICATION DES NOMBRES ENTIERS.

51. Tant qu'il ne s'agit que de nombres entiers, on peut considérer la multiplication comme ayant pour but de répéter un des nombres donnés autant de fois qu'il y a d'unités dans d'autre. Ainsi, multiplier 5 par 3, c'est répéter 5 trois fois.

En ce sens, la multiplication est une addition abrégée; car pour obtenir le résultat, on pourrait écrire le multiplicande sous lui-même autant de fois qu'il y a d'unités dans le multiplicateur, et additionner : la somme serait le produit cherché.

$$\text{Ainsi } 728 \times 4 = \begin{array}{r} 728 \\ + 728 \\ + 728 \\ + 728 \\ \hline 2912 \end{array}$$

On conçoit qu'une telle manière d'opérer serait impraticable, pour peu que le multiplicateur fût un peu considérable.

MULTIPLICATION D'UN NOMBRE D'UN SEUL CHIFFRE PAR UN AUTRE D'UN SEUL CHIFFRE.

52. Quand le multiplicande et le multiplicateur ne sont exprimés l'un et l'autre que par un seul chiffre, on ne dispose pas d'opération. On doit connaître tous les produits des chiffres deux à deux ; et tous ces produits sont contenus dans une table, dite table de multiplication ou de Pythagore, du nom de celui à qui on en attribue l'invention. — Voici cette table :

TABLE DE PYTHAGORE.

SENS HORIZONTAL.

1	2	3	4	5	6	7	8	9
2	4	6	8	10	12	14	16	18
3	6	9	12	15	18	21	24	27
4	8	12	16	20	24	28	32	36
5	10	15	20	25	30	35	40	45
6	12	18	24	30	36	42	48	54
7	14	21	28	35	42	49	56	63
8	16	24	32	40	48	56	64	72
9	18	27	36	45	54	63	72	81

SENS VERTICAL.

53. Pour former la table de Pythagore, on écrit d'abord les **9** premiers nombres sur une ligne verticale, puis on forme la première ligne horizontale, en ajoutant toujours l'unité au nombre écrit, ce qui donne la suite des nombres naturels 1, 2, 3, 4, 5...

Pour former la seconde ligne horizontale, on ajoute le chiffre 2 d'abord à lui-même, ce qui donne 4; puis à 4, ce qui donne 6, etc.; et on écrit chaque somme au-dessous de chacun des nombres de la ligne précédente, de manière à les disposer sur 9 colonnes verticales, ou parallèles à la première que l'on a écrite.

On formera la troisième en ajoutant toujours le chiffre 3 d'abord à lui-même, et ensuite à la somme précédente;... La quatrième en ajoutant le chiffre 4 à lui-même et ainsi des autres.

De là résulte un tableau carré, partagé en 81 cases où se trouvent les produits des nombres de un chiffre multiplié par lui-même, ou par un autre chiffre.

54. Voici comment on trouve l'un de ces produits.

Soit demandé le produit de 4×5.

Je cherche d'abord le facteur 4 dans la première ligne horizontale, et le facteur 5 dans la première ligne verticale à gauche; je suis de l'œil ou du doigt les deux colonnes, et au point où elles se rencontrent je trouve le produit cherché.

On pourrait de même prendre le facteur 4 dans la première ligne verticale, et le 5 dans l'autre, et le produit 20 se trouverait également au point de rencontre. En effet, en examinant la table, on trouve que le produit d'un chiffre par un autre se trouve écrit deux fois (1).

Il est d'autant plus essentiel de posséder dans la mémoire les produits des neuf premiers chiffres multipliés deux à deux, que toute espèce de multiplication se réduit toujours à celle d'un chiffre par un autre.

Neuvième Leçon.

MULTIPLICATION D'UN NOMBRE DE PLUSIEURS CHIFFRES PAR UN SEUL.

55. Avant de poser la règle générale, proposons-nous un cas particulier.... 4792×6.

On écrit d'abord le multiplicande et au-dessous le multiplicateur, et, pour plus de régularité, on les dispose ainsi :

$$\begin{array}{r} 4792 \\ \underline{6} \end{array}$$

Sous le trait horizontal on écrit le produit à mesure qu'il est obtenu, et on commence à opérer par la droite en disant : 6 fois 2, ou $2 \times 6 = 12$. Ce sont 12 unités simples ; au lieu de les écrire comme elles sont venues, on écrit seulement les deux unités excédantes, et on retient la dizaine pour l'ajouter au produit suivant, que l'on obtient en disant :

$9 \times 6 = 54$. Ce sont 54 dizaines, car le chiffre 9 est au rang des dizaines ; $54 + 1$ de retenu $= 55$. Or 55 dizaines $= 5$ centaines $+ 5$ dizaines ; on écrit 5, et on re-

---

(1) Pour mieux graver cette Table dans la mémoire, il faut la décomposer en tableaux, qui se disposent ordinairement de cette manière :

2 fois 2 font 4.
2 fois 3 font 6.
2 fois 4 font 8, etc.

En faisant passer successivement chaque chiffre au premier rang

7 fois 2 font 14.
7 fois 3 font 21.... Et ainsi des autres, on forme 9 tableaux : de cette manière, on habitue l'élève à ne pas intervertir l'ordre du multiplicande et du multiplicateur ; en appelant toujours le multiplicateur en premier, on évite beaucoup d'erreurs.

tient 5, que l'on ajoutera au produit suivant; $7 \times 6 = 42$; $42 + 5 = 47$; 47 centaines $= 4$ mille $+ 7$ centaines; on écrit 7 et ou retient 4. Enfin $4 \times 6 = 24$; $24 + 4 = 28$.

Ces 28 mille s'écrivent comme ils sont venus puisqu'il n'y a plus de chiffre à multiplier, au delà des mille; donc $4792 \times 6 = 28752$.

56. Donc en RÈGLE : multipliez chaque chiffre du multiplicande par le chiffre multiplicateur, en commençant par les unités de plus faible espèce, et, quel que soit le rang du chiffre multiplicande sur lequel vous opérez, décomposez le produit obtenu en dizaines et unités; si le produit obtenu ne dépasse pas neuf, écrivez les unités et reportez au produit suivant autant de fois 1 qu'il y avait de fois 10 dans le produit que vous venez d'obtenir. Continuez à écrire ainsi chaque produit partiel à la gauche du précédent, et lorsque vous êtes arrivé au dernier chiffre du multiplicande, écrivez le produit plus la retenue, s'il y en a, en avançant les dizaines d'un rang à gauche.

57. Pour nous former une idée exacte de ce qui se passe dans le cours de cette opération, rendons le produit de chaque chiffre indépendant de celui qui le précède, nous aurons :

$$
\begin{array}{r}
4792 \\
6 \\
\hline
\end{array}
$$

$$
\begin{array}{ll}
12 & \text{unités.} \\
54 & \text{dizaines.} \\
42 & \text{centaines.} \\
24 & \text{mille.}
\end{array}
$$

Additionnant, on a 28752. . . somme des produits.

On voit que la retenue des dizaines évite une addition inutile et qui allongerait beaucoup l'opération s'il y avait plus d'un chiffre au multiplicateur.

Scolie. Multiplier un nombre par 2, c'est le *doubler;* par 3, c'est le *tripler;* par 4, c'est le *quadrupler;* par 10, c'est le *décupler.*

Dans la pratique, habituez-vous à faire ce genre de multiplication rapidement.

Dixième Leçon.

MULTIPLICATION DE PLUSIEURS CHIFFRES PAR PLUSIEURS AUTRES.

58. RÈGLE. Quand le multiplicateur est formé de plusieurs chiffres, on multiplie tout le multiplicande par chaque chiffre du multiplicateur, en suivant pour chacun d'eux la règle que nous venons d'exposer. On forme ainsi autant de *produits partiels* qu'il y a de chiffres au multiplicateur; on a soin de reculer chaque produit d'un rang à gauche, et on les additionne pour n'en former qu'un seul :

Soit à multiplier 743 par 59.

L'opération disposée, on multiplie d'abord par 9, et le produit = 6687. Passant au second chiffre 5, on a pour second produit 3715; mais ce second produit est 10 fois plus fort que si le 5 était au rang des unités; en effet, le premier produit $3 \times 5 = 15$ dizaines, car les dizaines multipliant les unités donnent au

$$
\begin{array}{r}
743 \\
59 \\
\hline
6687 \\
3715 \\
\hline
43837
\end{array}
$$

moins des dizaines, donc il faut écrire le chiffre 5 au second rang; par suite $4 \times 5 = 20$, plus 1 de retenue $= 24$ centaines, car ce sont des dizaines par des dizaines, et $10 \times 10 = 100$. Le 1 doit donc être écrit au rang des centaines, et ainsi de suite. Mais en opérant on oublie, pour ainsi dire, sur quelle espèce d'unités on opère; on a soin seulement de reculer d'un rang à gauche le premier chiffre de chaque produit partiel. De même $170018 \times 589 = 100158272$.

OPÉRATION.

$$
\begin{array}{r}
170048 \\
589 \\
\hline
1530432 \\
1360384 \\
850240 \\
\hline
100158272
\end{array}
$$

59. *Scolies.* 1° Chaque produit partiel est indépendant des autres ; aussi, pourvu qu'on les additionne dans leur position relative, on pourrait commencer la multiplication par le chiffre de gauche du multiplicateur ; on aurait alors :

$$
\begin{array}{r}
170048 \\
589 \\
\hline
850240 \ldots \text{centaines.} \\
1360384 .. \text{dizaines.} \\
1530432 . \text{unités.} \\
\hline
100158272
\end{array}
$$

2° Quand il se trouve des zéros dans le multiplicande, on écrit seulement le report des dizaines précédentes. S'il n'y a pas eu de report, on écrit 0 pour conserver au produit suivant le rang qu'il doit avoir. Soit 18003 × 35, on aura :

$$
\begin{array}{r}
18003 \\
35 \\
\hline
90015 \\
54009 \\
\hline
630105
\end{array}
$$

3° Si le multiplicateur a des zéros, on a soin d'écrire le produit partiel au rang que lui assigne le chiffre significatif par lequel on multiplie. Soit 457042 × 50206, on aura :

$$
\begin{array}{r}
457042 \\
50206 \\
\hline
2742252 \quad \text{produit par 6.} \\
914084 .. \quad \text{produit par 2.} \\
2285210 \ldots . \quad \text{produit par 5.} \\
\hline
22946250652
\end{array}
$$

EXERCICES :
$34708 \times 175 =$
$900755 \times 3847 =$
$3074008 \times 3004 =$
$17050073 \times 4052088 =$

Onzième Leçon.

CAS ABRÉVIATIFS DE LA MULTIPLICATION.

60. 1° Quand le multiplicateur est 10, 100, 1000 et, en général, l'unité suivie de zéros, il suffit d'écrire à la droite du multiplicande autant de zéros qu'il y en a au multiplicateur; ainsi $527 \times 1000 = 527000$.

En effet, le 7 se trouve reculé au rang des mille, le 2 au rang des dizaines de mille, etc., et si tous les chiffres augmentent ainsi de mille fois leur valeur, il faut bien que tout le nombre ait une valeur mille fois plus grande, c'est-à-dire qu'il soit multiplié par 1000.

2° Si le multiplicateur est formé de chiffres significatifs suivis de zéros, on opère d'abord par les chiffres significatifs, et à la droite du produit on écrit les zéros du multiplicateur; soit 5344×1800.

En multipliant seulement par 18, on aura 96192; mais ce produit sera 100 fois trop faible, puisque 1800 est 100 fois plus fort que 18; donc pour ramener le produit à sa juste valeur, il faut écrire 00 à sa droite, ce qui le multiplie par 100.

$$\begin{array}{r} 5344 \\ 1800 \\ \hline 42752 \\ 5344 \\ \hline 9619200 \end{array}$$

3° Quand les deux facteurs se terminent l'un et l'autre par des zéros, on néglige d'abord ces zéros dans l'opération, et à la droite du produit, on en écrit autant qu'il y en a dans les deux facteurs réunis; soit 67000×500.

$$\begin{array}{r} 67000 \\ 500 \\ \hline \end{array}$$

Il vient d'abord 335.. pour produit de 67×5. Mais, d'une part ce produit est 1000 fois trop faible, puisque 67 est mille fois plus petit que 67000. Je rends donc déjà mon produit 1000 fois plus fort en écrivant 335000; d'autre part, ce dernier nombre est encore 100 fois trop petit, puisque j'ai seulement multiplié par 5. Donc en écrivant

33500000, j'aurai le produit vrai : ce qui revient bien à écrire cinq zéros à la droite du produit des chiffres significatifs.

4° Quand un chiffre significatif se répète au multiplicateur, on abrège l'opération en transcrivant le produit partiel déjà donné ; mais en ayant soin de l'écrire à son rang respectif. Par exemple, on doit multiplier 84309 par 535.

Arrivé aux centaines du multiplicateur, je transcrirai seulement le produit donné par le 5 des unités, car ce produit est indépendant de la valeur relative du chiffre. Mais le nombre 421545 sera 100 fois plus fort, et c'est sa position qui l'indiquera.

$$\begin{array}{r} 84309 \\ 535 \\ \hline 421545 \\ 252927 \end{array}$$

61. **Théorème 1er.** Le produit de deux facteurs ne change pas, quel que soit l'ordre dans lequel on les multiplie.

Ce principe, qui ressort de ce qui a été dit (n° 54) se démontre directement. Je dis que $3 \times 6 = 6 \times 3$.

En effet, représentons par des points les unités du nombre 6 et écrivons les autant de fois qu'il y a d'unités dans 3, de cette manière :

$$A \ldots \ldots B$$

$$\ldots \ldots$$

$$C \ldots \ldots D$$

Quel que soit le sens dans lequel nous comptions la somme de ces points, nous en trouverons toujours 18. Car le nombre des points contenus dans les 3 rangées est égal à celui de la rangée A B répété 3 fois, ou 6×3 ; de même les points contenus dans les rangées verticales est égal à celui de la rangée A C répétée 6 fois, ou 3×6.

Corollaire. Le produit de plusieurs facteurs reste le même, quel que soit l'ordre dans lequel on les multiplie. Ainsi $3 \times 7 \times 8 = 8 \times 7 \times 3 = 3 \times 8 \times 7$.

Car en faisant d'abord le produit de deux facteurs, ce nouveau produit deviendra à son tour facteur avec le troisième ;

et ce que nous avons dit plus haut sera applicable à la première multiplication aussi bien qu'à la seconde.

62. THÉORÈME 2ᵉ. Un produit augmente d'autant de fois un des facteurs qu'on ajoute d'unités à l'autre.

Par exemple : $24 \times 8 = 192$,

Mais. . . . . $24 \times (8 + 1) = 192 + 24 = 216$.

C'est-à-dire que le produit 192 ne contient que 8 fois le facteur 24, tandis que 216 le contient une fois de plus.

Par la même raison dans l'égalité :

$$(24 + 1) 8 = 192 + 8 = 200,$$

Le nombre 200 contient le facteur 8 une fois de plus que 192, parce que le facteur 25 a été augmenté d'une unité.

On démontrerait de même qu'un produit diminue d'autant de fois l'un des facteurs que l'on retranche d'unités à l'autre.

Douzième Leçon.

MULTIPLICATION DES NOMBRES DÉCIMAUX.

63. RÈGLE. Dans tous les cas on opère comme sur les nombres entiers; et au produit on sépare autant de chiffres décimaux qu'il y en a aux deux facteurs.

1ᵉʳ CAS. — *Un entier par un nombre fractionnaire.*

Soit à multiplier 3 par 5,8, on a : $3 \times 5,8 = 17,4$.
En effet, $3 \times 58 = 174$; mais en multipliant par 8 j'ai considéré ce chiffre comme exprimant 8 unités, tandis qu'il n'exprime que 8 dixièmes, ou des unités d'un ordre dix fois plus petit que les unités simples. Le 5 a aussi été considéré comme exprimant des dizaines, tandis qu'il n'exprime que des unités. Donc si tous les chiffres du multiplicateur sont dix fois trop forts, le produit est dix fois trop fort, et pour le ramener à sa juste valeur, il suffira de séparer un chiffre décimal, en écrivant 17,4.

2ᵉ CAS. — *Nombre fractionnaire par un entier.*

En raisonnant par analogie, on conçoit que $53,07 \times 12 = 636,84$. (*Voy.* 61.)

3ᵉ CAS. — *Nombre fractionnaire par un autre.*

Soit encore $3,75 \times 2,8$.

$$
\begin{array}{r}
3,75 \\
2,8 \\
\hline
3000 \\
750 \\
\hline
\end{array}
$$

On aura pour produit 10,500

Car en opérant sur des nombres entiers on aurait 10500; mais ce produit serait 1000 fois trop fort, puisque, d'une part, le multiplicande serait 100 fois plus fort que le multiplicande donné, et d'autre part le multiplicateur serait 10 fois plus fort que le multiplicateur donné. Pour réparer la première erreur on séparerait deux chiffres décimaux; pour réparer la seconde, on en séparerait encore un; donc il faut en séparer trois.

4ᵉ CAS. — *Nombre entier par une fraction.*

Soit $729 \times 0,12$; multipliez 729 par 12, et séparez au produit deux chiffres décimaux, puisque 12 est 100 fois plus grand que 0,12 : votre produit est alors rendu 100 fois plus petit et vous avez $729 \times 0,12 = 87,48$.

Scolie. Remarquez que le produit est plus petit que le multiplicande, et que par conséquent le mot *multiplier* n'emporte pas avec lui l'idée d'augmentation. La division viendra justifier la définition générale que nous avons donnée de la multiplication.

5ᵉ CAS. — *Fraction par un entier.*

Soit $0,234 \times 6$. En multipliant 234 par 6, vous avez un produit 1000 fois trop fort; vous le ramenez à sa juste

valeur en séparant trois chiffres à sa droite; et il vient
$0{,}324 \times 6 = 1{,}944$.

6e CAS. — *Une fraction par une autre.*

Soit $0{,}587 \times 0{,}23$.

Multipliez 587 par 23, et séparez cinq chiffres décimaux au produit, c'est-à-dire, rendez ce produit cent mille fois plus petit; car le multiplicande est 1000 fois trop fort, le multiplicateur 100 fois, et $100 \times 1000 = 100000$.

$$\begin{array}{r} 0{,}587 \\ 0{,}23 \\ \hline 1761 \\ 1174 \\ \hline 0{,}13501 \end{array}$$

Donc vous aurez $0{,}587 \times 0{,}23 = 0{,}13501$.

Comme il n'y a que cinq chiffres au produit, mettez la virgule à gauche du premier chiffre, et zéro à sa gauche.

64. *Scolie.* 1° Si le produit ne donnait pas autant de chiffres décimaux que les deux facteurs en contiennent, on les compléterait par des zéros à gauche du produit obtenu.

Soit $0{,}012 \times 0{,}3$. En opérant, on a d'abord $12 \times 3 = 36$; et, selon la règle, on doit avoir quatre chiffres à la fraction. Le multiplicande étant des millièmes, on aurait eu d'abord $0{,}036$; mais $0{,}036$ est encore dix fois trop fort, puisqu'on a opéré avec un multiplicateur dix fois trop grand; on aura donc $0{,}0036$; ce qui satisfait à la règle générale.

65. *Scolie.* 2° Quand on veut multiplier un nombre décimal par l'unité suivie de zéros, il suffit de reculer la virgule d'autant de rangs à droite qu'il y a de zéros après l'unité. Ainsi $724{,}0085 \times 100 = 72400{,}85$; $7{,}025 \times 1000 = 7025$. (*Voyez* n° 59.)

Si le multiplicande est une fraction, et le multiplicateur l'unité suivie de zéros, il suffit d'avancer la virgule d'autant de rangs vers la droite qu'il y a de zéros après l'unité; ainsi $0{,}65 \times 100 = 65$; $0{,}00065 \times 1000 = 0{,}65$.

S'il y a moins de chiffres après la virgule que de zéros après l'unité au multiplicateur, on complète le résultat par un nombre suffisant de zéros à droite du dernier chiffre significatif. Ainsi $0{,}3 \times 1000 = 300$; $0{,}17 \times 10000 = 1700$.

66. *Scolie.* 3° Si le multiplicateur est un nombre entier terminé par des zéros, on multiplie d'abord par les chiffres significatifs, et au produit on avance la virgule d'autant de de rangs à droite qu'il y a de zéros.

Ainsi soit $28{,}703 \times 400$. Le produit de $28{,}703 \times 4 = 114{,}812$; puis, pour multiplier par 100, j'écris $11481{,}2$.

De même $0{,}12 \times 500 = 60$.

Treizième Leçon.

FORMATION DES PUISSANCES.

67. On nomme PUISSANCE *d'un nombre* le produit de ce nombre multiplié par lui-même une, deux, ou plusieurs fois. Quand il est multiplié une fois par lui-même, le produit est la *deuxième puissance* ou *le carré* de ce nombre. Ainsi 16 est le carré de 4 ; 81 est le carré de 9.

Quand un nombre est multiplié deux fois par lui-même, il est élevé à sa troisième puissance, ou à son *cube* ; ainsi 27 est le cube de 3, car $3 \times 3 \times 3 = 9 \times 3 = 27$.

La formation des carrés et des cubes est suffisante en arithmétique élémentaire.

Le nombre qui a été pris facteur deux, trois ou plusieurs fois, s'appelle *racine*.

FORMATION DES CARRÉS.

CARRÉ DES NOMBRES ENTIERS.

68. Quand on veut indiquer qu'un nombre doit être élevé au carré, on écrit à sa droite et un peu en haut un petit 2 qui s'appelle *exposant*. Ainsi 8^2 signifie que 8 doit être multiplié par lui-même, une fois, ou pris deux fois facteur, et on a $8^2 = 8 \times 8 = 64$.

Les carrés des nombres d'un seul chiffre sont connus par la mémoire : ils sont tous dans la table suivante.

TABLE DES CARRÉS DES DIX PREMIERS NOMBRES.

Nombre.	1	2	3	4	5	6	7	8	9	10
Carré.	1	4	9	16	25	36	49	64	81	100

69. Le carré d'un nombre de plusieurs chiffres n'offrira rien de particulier, quant à la manière de l'effectuer, puisqu'il suffit d'une simple multiplication ; mais sa composition présente des remarques importantes.

Soit donc 27^2 ; examinons ce qui se passe dans la multiplication de 27 par 27. D'abord 7×7 donne le carré des unités; 2×7 donne un produit d'unités par les dizaines, et 7×2 encore une fois le même produit; enfin 2×2 donne le carré des dizaines.

$$
\begin{array}{r}
27 \\
27 \\
\hline
49 \ldots \ldots \text{ carré des unités.} \\
\left.
\begin{array}{l}
14 \ldots \ldots \\
14 \ldots \ldots
\end{array}
\right\} \text{ deux fois les dizaines par les unités.} \\
4 \ldots \ldots \ldots \text{ carré des dizaines.} \\
\hline
729
\end{array}
$$

Donc le carré d'un nombre de deux chiffres se compose du carré des unités, plus du double produit des dizaines par les unités, plus du carré des dizaines.

Et comme un nombre entier, quel qu'il soit, peut toujours se partager en dizaines et en unités, la règle de formation des carrés sera générale.

Ainsi $328 = 320 + 8$.

Or, $328^2 = 320^2 + 2$ fois $320 \times 8 + 8^2$.

Effectuant, on trouve que
$$
\begin{array}{rl}
320^2 = & 102400 \\
320 \times 8 = & 2560 \\
8 \times 320 = & 2560 \\
8^2 = & 64 \\
\hline
\end{array}
$$
D'où $328^2 = 107584$

Corollaire. Donc le carré de la somme de deux nombres est égal au carré du premier, + deux fois le produit du premier par le second, + le carré du second.

Ainsi le carré de $25 = 529$.

Le carré de $(14 + 9)$ contiendra les trois parties suivantes.

$$
\begin{array}{rl}
1^o \ldots \ldots \ldots \ldots \ldots \ldots & 14^2 = 196 \\
2^o \ldots \ldots \ldots \ldots \ldots & 2 \text{ fois } 14 \times 9 = 252 \\
3^o \ldots \ldots \ldots \ldots \ldots \ldots & 9^2 = 81 \\
\hline
\text{Somme carrée} \ldots \ldots \ldots \ldots \ldots & 529
\end{array}
$$
Égale au carré de 25.

Scolie. On abrège la formation du carré d'un nombre terminé par des zéros en formant de suite le carré des chiffres significatifs, et doublant le nombre des zéros de la racine.

Ainsi le carré de $7000 = 7^2 \times 1000^2 = 49000000$.

Car une puissance de 10 n'aura jamais qu'un nombre pair de zéros après l'unité.

CARRÉ DES NOMBRES DÉCIMAUX.

70. Le carré d'une fraction décimale aura toujours un nombre pair de chiffres, et pourra, en conséquence, être partagé exactement en tranches de deux chiffres, car $10^2 = 100$;

$100^2 = 10000$, etc., la 2ᵉ puissance d'un nombre représenté par l'unité suivie de zéros, se forme toujours en doublant le nombre de ces zéros, par conséquent le nombre en sera toujours pair.

Ainsi, $0,05 = 0,0025$, car des centièmes multipliés par des centièmes donnent des dixmillièmes, de même que $100 \times 100 = 10000$.

Ainsi : $0,0012^2 = 0,00000144$.

$\qquad 0,001^2 = 0,000001$.

Et, en général, une fraction décimale, élevée à son carré, ne pourra jamais être qu'une fraction exprimée par un nombre de chiffres double de celui de la fraction racine.

Dans le carré d'un nombre fractionnaire, la partie fractionnaire contiendra aussi un nombre de chiffres double de celui de la fraction de la racine; ainsi $(2,07)^2 = 2,07 \times 2,07 = 4,2849$.

71. *Scolie.* En ajoutant à un carré le double de sa racine $+ 1$, on forme le carré consécutif. Ainsi $4 \times 4 = 16$, et $16 + 2$ fois $4 + 1 = 25$, dont la racine est 5.

Ajoutant 1 à l'un des deux facteurs, on aura $4 \times 5 = 20$; et (d'après le nº 62) le produit augmente d'une fois le facteur 4; car $20 - 16 = 4$; ajoutant aussi une unité au deuxième facteur 4, on aura $5 \times 5 = 25$; et $25 - 20 = 5$; c'est-à-dire que ce produit surpasse le précédent du premier facteur $+ 1$; donc, après les deux opérations, 16 est augmenté de deux fois le facteur 4, $+ 1$, ou deux fois la racine de 16, $+ 1$, et on a pour résultat $16 + 8 + 1 = 25$.

Réciproquement le carré diminue du double de la racine $- 1$ quand on retranche une unité à cette racine.

EXERCICES : Formez les carrés des nombres 304. — 2,07. — 276008. — 0,7108. — 0,0008. — 1,0102.

Quatorzième Leçon.

FORMATION DES CUBES.

CUBES DES ENTIERS.

72. Le cube d'un nombre s'obtient en multipliant le carré par la racine. Ainsi le cube de $4 = 4^2 \times 4 = 64$.

Le cube des dix premiers nombres doit être su de mémoire; en voici le tableau :

Nombre.	1	2	3	4	5	6	7	8	9	10
Carré.	1	4	9	16	25	36	49	64	81	100
Cube.	1	8	27	64	125	216	343	512	729	1000

On indique qu'un nombre doit être élevé à son cube en écrivant à sa droite, et un peu en haut, l'exposant 3 : de cette manière 204^3.

La formation du cube d'un nombre de plusieurs chiffres n'offre rien de particulier, quant à l'opération; il se compose de quatre parties, savoir : le cube des unités, le triple carré des dizaines multiplié par les unités, le triple carré des unités multiplié par les dizaines, et le cube des dizaines.

Prenons pour exemple le cube de 27, nous savons déjà que $27^2 = 729$, et effectuant le cube, on a $729 \times 27 = 19683$.

En décomposant l'opération, on trouve que. . . . . $(20 + 7)^3$ donne :

Cube des dizaines, 20^3. . . . . $= 8000$

Triple carré des dizaines par les unités,
$$(20^2 \times 3) 7 = (400 \times 3) 7 = 8400$$

Triple carré des unités par les dizaines,
$$(7^2 \times 3) 20 = (49 \times 3) 20 = 2940$$

Cube des unités, 7^3 $= \underline{343}$

                                     19683

Scolie. On abrège la formation du cube d'un nombre terminé par un ou plusieurs zéros en formant d'abord le cube des chiffres significatifs, et écrivant à droite du produit, le triple des zéros de la racine. Ainsi $200^3 = 2^3 = 8$ + six zéros, ou 8000000.

CUBE DES NOMBRES DÉCIMAUX.

73. Le cube d'une fraction décimale sera toujours composé d'un nombre de chiffres tel qu'on pourra le partager exactement en tranches de trois chiffres. En effet :

$10^3 = 1000$;

$100^3 = 1000000$, etc. C'est-à-dire que le cube de l'unité suivie de zéros, se compose toujours de l'unité suivie d'autant de fois trois zéros qu'il y en avait après l'unité.

Or, $0,7^3 = 0,343$, comme $10^3 = 1000$

$0,07^3 = 0,000343$, comme $100^3 = 1000000$

Et, en général, le cube d'une fraction est toujours une fraction exprimée par trois fois plus de chiffres que n'en contient la racine.

Enfin le cube d'un nombre fractionnaire se compose toujours d'une partie entière, et d'une fraction formée comme ci-dessus. $(8,01)^3 = 512,922401$.

DES OPÉRATIONS PAR LESQUELLES ON DIMINUE LES NOMBRES.

Quinzième Leçon.

DE LA SOUSTRACTION.

74. LA SOUSTRACTION est une opération par laquelle on compare deux nombres de même espèce pour en connaître la différence.

La comparaison de deux nombres s'indique en les séparant l'un de l'autre par le signe — qui signifie *moins*. Ainsi 12 — 3 (12 *moins* 3) indique que l'on veut connaître la valeur de 12 diminué de 3. Le résultat obtenu se nomme *excès* ou *différence*.

SOUSTRACTION DES NOMBRES ENTIERS.

75. Si les deux nombres que l'on compare sont égaux, l'excès égale zéro ; exemple $8 - 8 = 0$. Car, si d'un tout on retranche toutes les parties qui le composent, il ne peut rien rester. L'expression $8 - 8 = 0$ est une égalité. On reconnaît que deux nombres sont égaux, quand ils sont représentés par autant de chiffres l'un que l'autre, et que les chiffres du même ordre d'unités sont les mêmes.

De deux nombres, composés chacun de plusieurs chiffres, celui-là est le plus fort qui en contient le plus.

Si les chiffres sont en nombre égal, c'est la force du chiffre de l'ordre le plus élevé qui détermine celle de tout le nombre.

Le signe $>$ est le signe d'inégalité. La pointe du **V** couché qu'il représente est toujours tournée vers le plus petit nombre, ainsi :

$$8 < 10 \text{ signifie 8 plus petit que 10.}$$
$$10 > 8 \text{ signifie 10 plus grand que 8.}$$

Tant que la comparaison n'a lieu qu'entre des nombres exprimés par un seul chiffre, on n'a pas à disposer d'opération. Il faut s'exercer à soustraire ainsi un certain nombre d'unités hors d'un nombre donné ; il est d'autant plus nécessaire de s'habituer à ce genre de calcul que, dans tous les cas, l'opération consistera toujours à comparer un chiffre avec un autre chiffre.

Pour les nombres écrits d'un chiffre, la soustraction n'est possible qu'autant que le nombre à soustraire est $<$ que le nombre dont on veut le soustraire. Ainsi soit à soustraire 2 de 7, j'écrirai $7 - 2$ et l'opération faite, il viendra $7 - 2 = 5$. En effet, l'égalité entre $7 > 5$ ne peut exister qu'en retranchant d'abord la différence 2, c'est ce qu'indique l'expression $7 - 2 = 5$. Si au contraire on voulait retrancher 7 de 2, on écrirait $2 - 7$; mais comme le second nombre contient plus d'unités que le premier, il est impossible d'obtenir un résultat, car on ne peut ôter à quelque chose ce qui ne s'y trouve pas (1).

On trouve de même que 8 — 2 = 6.
que 7 — 3 = 4, etc.

76. Quand on veut comparer deux nombres de plusieurs chiffres, par exemple : 5238 et 18789,
on écrit d'abord le plus grand nombre.   18789
et dessous, le plus petit.   5238

de manière que les unités de même espèce se correspondent ; on souligne le dernier nombre d'un trait horizontal, pour le séparer de l'excès que l'on écrira au-dessous. L'opération ainsi disposée, on compare successivement chaque chiffre inférieur avec le chiffre supérieur correspondant, en commençant par ceux qui représentent les unités de moindre espèce, c'est-à-dire par la droite, en disant : 9 — 8 = 1 ; 8 — 3 = 5 ; 7 — 2 = 5 ; 8 — 5 = 3 ; 1 — 0 = 1. On écrit chaque reste à son rang, à mesure qu'il est obtenu, et la différence des deux nombres donnés égale 13551.

$$\begin{array}{r} 18789 \\ 5238 \\ \hline 13551 \end{array}$$

Soit encore 1809 à comparer avec 2708. L'opération disposée, on compare d'abord les chiffres des unités en disant : 8 — 9, ne se peut ; par la pensée, on ajoute 10 unités au chiffre 8, ce qui fait 18, et on dit : 18 — 9 = 9. On écrit cet excès 9 ; mais on a augmenté le nombre 2708 de 10 unités ; et, pour que la différence entre les deux nombres donnés reste ce qu'elle doit être, il faut ajouter 10 unités à 1809, ou ce qui revient au même, reporter une dizaine au second chiffre à gauche du nombre 1809, et on a 0 + 1 = 1 dizaine. On continue la soustraction en disant : 0 — 1 ne se peut ; on ajoute encore par la pensée 10 dizaines au zéro supérieur, et il vient 10 — 1 = 9. Comme tout-

$$\begin{array}{r} 2708 \\ 1809 \\ \hline 0899 \end{array}$$

---

(1) On pourrait, à la vérité, obtenir un résultat en prenant l'opération en sens inverse ; mais ce serait entrer dans des considérations étrangères à notre objet.

à - l'heure, on compense l'erreur volontaire que l'on a commise, en ajoutant une centaine au nombre inférieur, puisque 10 dizaines = 1 centaine, et il vient $8 + 1 = 9$; soustrayant encore on a : $7 - 9$ ne se peut, et ajoutant 10, il vient $17 - 9 = 8$, puis reportant 1 unité de mille pour compenser les 10 centaines ajoutées, on a : $2 - 2 = 0$, d'où la différence 899 entre les deux nombres donnés.

Dans la pratique, on n'a pas besoin de remarquer sur quelle espèce d'unité on opère, puisqu'un chiffre de rang quelconque vaut toujours dix fois moins qu'au rang suivant à gauche. Donc :

RÈGLE. Toutes les fois que le chiffre inférieur est plus fort que le chiffre supérieur, on ajoute 10 à celui-ci, et alors la soustraction de l'autre est possible puisqu'il ne peut pas être plus grand que 9, et quand on a écrit l'excès on compense l'erreur volontaire en ajoutant une unité au chiffre inférieur suivant à gauche, et le résultat n'est point altéré, car (*Voy.* n° 10, 4° axiome).

En étudiant ce raisonnement bien simple, on trouvera la différence des deux nombres 8004725 et 2503856, en disant : $15 - 6 = 9$; $12 - 6 = 6$; $17 - 9 = 8$; $4 - 4 = 0$; $0 - 0 = 0$; $10 - 5 = 5$; $8 - 3 = 5$.

$$\begin{array}{r} 8004725 \\ 2503856 \\ \hline 5500869 \end{array}$$

EXERCICES. Cherchez de même la différence
Entre 1805006 et 4728905.
Entre 10000009 et 7205500.
Entre 720809304 et 220947185.

Seizième Leçon.

SOUSTRACTION DES NOMBRES DÉCIMAUX.

77. La comparaison des nombres fractionnaires décimaux se fait absolument comme celle des entiers, puisque leur numération est la même.

Soit à comparer les deux nombres 17,028 et 9,967,

on aura. 17,028

moins.   9,967

et pour différence.   7,061

On a opéré sans faire attention à la virgule, et au résultat on a séparé autant de chiffres décimaux qu'il y en a aux deux nombres, car on les avait rendus l'un et l'autre mille fois trop fort.

Si l'un des deux contient moins de décimales, on les égalise par autant de zéros mis à la droite; on peut même se dispenser de les écrire, pour ne pas altérer les nombres; il suffit de les supposer écrits.

Soit à soustraire 2,547 de 8,3. On aura 8,300 — 2,547 = 5,753.

Car 8,3 = 8,300 (*Voyez* n° 36), et l'opération revient au cas précédent.

$$8,3$$
$$2,547$$
$$\overline{5,753}$$

78. Si les nombres à comparer sont des fractions, l'opération se fait encore d'après les principes précédents.

Ainsi   0,473 — 0,28 = 0,193.

De même 0,12 — 0,00058 = 0,11942.

En supposant les chiffres décimaux égalisés par des zéros.

$$0,12$$
$$0,00058$$
$$\overline{0,11942}$$

Si on a à soustraire une fraction décimale d'un nombre entier, on conçoit la manière d'écrire les nombres; par exemple : 17 — 0,45, on écrira :

$$17$$
$$0,45$$
$$\overline{16,55}$$

Au résultat, il faudra séparer autant de chiffres décimaux qu'il y en a à la fraction.

EXERCICES. Comparer les nombres 708 et 9339; 9,18
et 71,06; 3 et 0,128; 1,78 et 220,08.

Dix-septième Leçon.

DE LA DIVISION.

79. LA DIVISION est une opération qui a pour but,
étant donnés deux nombres, d'en trouver un troisième,
qui se compose avec l'unité, comme l'un des deux se
compose avec l'autre.

Ainsi, par exemple, diviser 28 par 7, c'est chercher
un troisième nombre 4, contenant 4 fois l'unité, de
même que 28 contient lui-même 4 fois le nombre 7.

L'un des nombres connus peut être considéré comme
un produit, et s'appelle *dividende*, parce que c'est lui
qui *doit être divisé*; l'autre peut être regardé comme
facteur, et s'appelle *diviseur*, parce que c'est lui qui
doit *diviser*. Le résultat obtenu par l'opération s'appelle
quotient; c'est le second *facteur* du produit.

La division d'un nombre par un autre s'indique le plus
ordinairement en écrivant le diviseur sous le dividende,
séparés par un trait horizontal.

Ainsi $\frac{28}{7}$ signifie 28 *divisé par* 7. Quelquefois aussi
l'opération s'indique en écrivant 28 : 7; si le dividende
est composé on écrit $(84 + 5) : 10$.

Ou bien. . . . . $\dfrac{84 + 5}{10}$

80. Quand il s'agit de nombres entiers, le quotient
indique aussi combien de fois le diviseur est contenu
dans le dividende; et, dans ce sens, la division peut
être considérée comme une soustraction abrégée. Car

en retranchant 7 de 28 autant de fois que cela pourrait se faire, on aurait :

$$28 - 7 = 21$$
$$21 - 7 = 14$$
$$14 - 7 = 7$$
$$7 - 7 = 0$$

Les quatre soustractions indiquent que le nombre 7 était contenu quatre fois dans 28.

Mais cette manière d'opérer serait trop longue dans la plupart des cas, et de même que la multiplication compose un produit plus rapidement que l'addition, de même la division décompose plus vite que la soustraction le résultat d'une multiplication.

DIVISION DES NOMBRES ENTIERS.

D'UN NOMBRE DE MOINS DE TROIS CHIFFRES PAR UN SEUL.

81. Si le dividende n'est exprimé que par deux chiffres, la mémoire, ou à son défaut, la table de Pythagore, suffit pour trouver le quotient, ou du moins le nombre entier qui en approche le plus.

Ainsi $\dfrac{56}{8} = 7$.

Voici comment la table de Pythagore sert à trouver ce quotient. On cherche dans la table le diviseur 8 sur la première bande horizontale, ou verticale ; on la suit jusqu'à ce que l'on trouve le dividende ; et sur l'extrémité de la ligne perpendiculaire à celle que l'on a suivie, on trouve le quotient 7.

Si le dividende n'est pas dans la table, on s'arrête au nombre qui peut le contenir, et on peut affirmer qu'alors le quotient n'est pas exact en nombre entier. Par exemple : $\dfrac{44}{5} = 8...$ plus un reste, car dans la colonne qui commence par le diviseur 5, on trouve 40 et 45 auxquels 44 est intermédiare ; et, en effet, il n'y a pas de nombre entier qui, multiplié par 5, reproduise 44.

3.

Dix-huitième Leçon.

DIVISION D'UN NOMBRE DE PLUSIEURS CHIFFRES PAR UN SEUL.

82. Quand le dividende est représenté par plusieurs chiffres, voici le procédé à suivre dans l'opération :

Soit à diviser 47016 par 6.

RÈGLE. On écrit le dividende et à peu de distance sur la même ligne, le diviseur ; puis, on les sépare par un trait vertical duquel on fait partir un trait horizontal sous le diviseur, pour le séparer du quotient ; de cette manière :

$$47016 \mid \underline{6}$$

L'opération ainsi disposée, remarquez d'abord que le dividende exprime des dizaines de mille. Le facteur cherché n'en pourra pas contenir, puisqu'une seule multipliée par 6 donnerait déjà 6 dizaines de mille, et le dividende n'en a que 4. Le quotient n'aura donc que des unités de mille.

Remarquez ensuite que les 47 mille du dividende proviennent, non-seulement des mille du quotient multipliant le diviseur, mais sans doute aussi du report des dizaines de centaines du quotient, quand on a fait la multiplication.

Cela posé, je commence par chercher les mille du quotient, et je ne puis les trouver que dans ceux du dividende. Puis, cherchant le quotient de $\dfrac{47}{6}$, je trouve 7,

que j'écris à la place indiquée ; je multiplie 7 par 6, et je reforme ainsi le produit des mille par le facteur connu. Or, $6 \times 7 = 42$. J'écris ce produit sous les mille du dividende, et je les

$$\begin{array}{r|l} 47016 & 6 \\ 42 & \overline{7} \\ \hline 50 & \end{array}$$

soustrais de 47. Le reste 5 est le report des dizaines de centaines obtenues en multipliant le diviseur par les centaines du quotient que je vais chercher.

Or, il est évident que je ne puis trouver ces centaines que dans celle du dividende; le chiffre qui les représente est zéro, mais le 5 qui est resté après la soustraction vaut 50 centaines. J'écris donc ce zéro à la droite du 5, et je forme ainsi un second dividende, sur lequel j'opère comme sur le premier, en disant : $\dfrac{50}{6} = 8$. Ce 8 exprime les centaines du quo-

tient, je le pose à droite du 7, et, multipliant 6 par 8, le produit 48 est celui des centaines du quotient par le facteur connu. Je soustrais ce produit de 50 : la différence est 2 ; ce sont deux centaines provenant de l'excès du produit du diviseur par les dizaines du quotient

$$\begin{array}{r|l} 47016 & 6 \\ 42 & \overline{78} \\ \hline 50 & \\ 48 & \\ \hline 2 & \end{array}$$

encore inconnues. Je les trouverai dans celles du dividende que j'écris à côté du reste, ce qui forme 21 dizaines. Divisant ce troisième dividende partiel par 6, je trouve $\dfrac{21}{6} = 3$. J'écris encore ce nouveau quotient à la droite des deux autres, et $6 \times 3 = 18$. Je soustrais ces 18 dizaines de 21, et j'ai pour reste 3.

Enfin, à côté de ces trois dizaines j'écris les unités du dividende ; et divisant par 6, il vaut $\dfrac{36}{6} = 6$. Ce dernier quotient est le chiffre des unités du facteur cherché ; et, multiplié par le diviseur, il reproduit les 36 unités : donc le quotient de $\dfrac{47016}{6} = 7836$.

$$\begin{array}{r|l} \text{47 Premier dividende partiel. . . . } 47016 & 6 \\ 42 & \overline{7836} \\ \hline \text{Deuxième dividende partiel. . . . } 50 & \\ 48 & \\ \hline \text{Troisième dividende partiel. . . . . } 21 & \\ 18 & \\ \hline \text{Quatrième dividende partiel . . . . . } 36 & \\ 36 & \\ \hline 00 & \end{array}$$

83. Les produits que l'on a soustraits de chaque dividende partiel sont ceux que donne la multiplication de chaque chiffre du facteur 7836 par le facteur 6, indépendamment du report des dizaines précédentes ; et le reste de la soustraction faite à chaque dividende partiel est précisément les dizaines excédantes.

Voici l'opération mise en parallèle avec la multiplication par la gauche.

Multiplication par la gauche.

```
      7836                           Division.
        6
                              47016 | 6
      42. . . . . . . . . . . . . . 42  |———
                                        | 7836
                               50
      48. . . . . . . . . . . . . . 48
                               ——
                               21
      18. . . . . . . . . . . . . . 18
                               ——
                               36
      36. . . . . . . . . . . . . . 36
      ————                         ——
      47016                        00
```

84. Dans la pratique, on abrège beaucoup l'opération ; d'abord on considère chaque chiffre comme représentant seulement dix fois sa valeur absolue, relativement à celui de droite ; en second lieu, on n'écrit pas les produits partiels, on les soustrait mentalement du dividende partiel auquel on les compare, et on n'écrit que le reste obtenu. Pour plus de facilité, au lieu de diviser par 1, 2, 3, 4, 5, 6, 7, 8, 9, il faut s'exercer à prendre de suite la *moitié*, le *tiers*, le *quart*, le *cinquième*, le *sixième*, le *septième*, le *huitième* et le *neuvième* d'un nombre.

Ainsi dans l'exemple donné, 47016 : 6, on dirait :

Le sixième de 4 n'est pas ; le sixième de 47 est de 7 pour 42 ; je pose 7 et retiens 5, qui vaut 50, à cause de sa position, et 0 font 50. Le sixième de 50 est 8, pour 48 : je pose 8 ; il reste 2, qui valent 20, et 1 font 21. Le sixième de 21 est de 3 pour 18 ; je pose 3 et retiens 3, qui valent 30, et 6 font 36. Le sixième de 36 est 6 juste, reste 0. Donc 47016 : 6 = 7836.

Dix-neuvième Leçon.

DIVISION PAR UN DIVISEUR DE PLUSIEURS CHIFFRES.

85. La règle est absolument fondée sur les principes que nous avons donnés tout-à-l'heure. Pour l'exposer, il nous suffira de résumer quelques-uns des détails précédents.

Soit à diviser 255840 par 32.

L'opération disposée, je remarque d'abord que si les centaines et les dizaines de mille du dividende formaient un nombre divisible par 32, le quotient aurait des dizaines de mille, car $10000 \times 30 =$ trois cent mille. Mais les dizaines de mille du quotient, quelque petites que je les suppose, multipliées par 32, ou seulement par 3 dizaines du diviseur, donneraient 3 centaines de mille et il n'y en a que deux au dividende ; j'en conclus que le premier chiffre du quotient ne pourra exprimer que des unités de mille ; or, des mille, multipliés par les dizaines du diviseur, pourront donner des centaines de mille par retenue.

Je cherche donc les unités de mille dans les mille du dividende ; pour cela, je forme d'abord un premier dividende partiel en prenant sur la gauche du dividende trois chiffres ; et, en général, *on commence par prendre sur la gauche du dividende autant de chiffres qu'il en faut pour former un nombre divisible par le diviseur.*

$$255840 \mid 32$$

255 : 32, ou bien, en 355 combien de fois 32 est-il contenu ?

La table de Pythagore est ici insuffisante, et on ne peut guère donner de précepte bien certain ; il faut une grande habitude pour évaluer un quotient exactement, et cela est d'autant plus difficile que le diviseur est plus grand (1).

_____

(1) Cependant on peut s'aider par la division du premier chiffre du dividende partiel par celui du diviseur, s'ils ont autant de chiffres l'un

En 255 combien de fois 32, ou simplement, en 25 combien de fois 3? Je trouve qu'il y est 8 fois; mais à cause des retenues présumées j'écrirai seulement 7 au quotient. Ce 7, d'après ce qui a été dit plus haut, exprimera des unités de mille; donc le facteur cherché sera intermédiaire à 7000 et à 8000,

Premier dividende. . . . 255. . . | 32
Premier reste. . . . . . 31 | 7. . . .

Ce quotient sera < 8000 et > 7000. Multipliant 32 par 7, je dis : $2 \times 7 = 14$; je compare ce produit avec le chiffre 5 à la droite du dividende partiel 255, et pour effectuer la soustraction, j'ajoute à ce 5, par la pensée, une dizaine qui suffit pour former, avec lui, un nombre dont je peux retrancher 14; et je dis $15 - 14 = 1$; j'écris ce reste 1 sous le chiffre 5, et je retiens une dizaine pour l'ajouter au produit des dizaines du diviseur par le quotient, et compenser ainsi l'augmentation que j'ai fait éprouver au dividende 255; les 3 dizaines du diviseur $\times 7 = 21$ dizaines, et $21 + 1 = 22$; or $25 - 22 = 3$.

Le reste 31 représentant 31 mille, car le 7 quotient, représentant 7000, c'est comme si on avait soustrait 32 $\times 7000$ ou bien 22 000 de 2 5840 : et 25 8 0 $- 22 000 = 31840$. Mais on abrège en négligeant les zéros.

Remarquons ici que le reste ne peut jamais être plus fort que le diviseur, ni même lui être égal; car alors le quotient serait trop faible d'autant de fois 1 que le reste contiendrait encore le diviseur. (*Voy*. 62.)

A côté du reste 31 j'écris (ou je descends, comme on

---

que l'autre, ou par celle des deux premiers par le premier du diviseur, si celui-ci en contient un de moins. En effet, par ce moyen, on compare les unités de la plus forte espèce; le quotient obtenu doit être aussi de l'ordre le plus élevé, et être, à bien peu près, celui de tout le dividende partiel par le diviseur : seulement, si le second chiffre du diviseur était plus fort que le premier, on pourrait retrancher une et même deux unités à ce quotient approximatif, parce que la multiplication de ce second chiffre donnerait une retenue qui, avec le produit suivant, formerait un produit trop grand pour être soustrait du dividende partiel.

dit) le chiffre suivant du dividende général, ce qui donne le second dividende partiel;

Deuxième dividende. . . . 318. .	32
Deuxième reste. 30	79

et je dis : en 318 combien de fois 32, ou simplement en 31 combien de fois 3 ? il y est 9 fois. J'écris ce second quotient 9 à droite du premier 7; je multiplie le diviseur par ce second quotient en disant : $2 \times 9 = 18$, et soustrayant : $18 - 18 = 0$, j'écris ce reste sous le 8 et je retiens 1; $3 \times 9 = 27$; $27 + 1 = 28$, et $31 - 28 = 3$, reste que j'écris à gauche du zéro.

Remarquez que, comme tout-à-l'heure, et partout, j'ajouterai toujours assez de dizaines à chaque chiffre du dividende partiel pour former un nombre assez grand pour contenir le produit partiel. Remarquez aussi que, dans la suite de l'opération, on ne fait pas attention à la valeur réelle du quotient obtenu ou de la partie du dividende sur laquelle on opère; on agit toujours comme de dizaines à unités.

En abaissant le chiffre 4 à côté du reste 30, je forme un troisième dividende partiel 304 sur lequel j'opère comme sur les deux autres.

Troisième dividende . . . . 304.	32
Troisième reste 16	799

En 304, combien de fois 32 ? 9 fois; et multipliant encore 32 par le 9 écrit à droite de 79, je dis : $2 \times 9 = 18$; $24 = 18 = 6$. J'écris 6 sous le 4, et retiens 2 dizaines; $3 \times 9 = 27$, $27 + 2 = 29$ et $30 - 29 = 1$.

Enfin en abaissant le zéro, dernier chiffre du dividende général, à côté du reste 16, je forme un quatrième dividende partiel, qui, divisé par 32, donne 5 pour quotient.

Quatrième dividende. 160	32
Quatrième reste. 000	7995

et $32 \times 5 = 160$ qui, soustrait du dividende, donne zéro pour reste. Donc le quotient 7995 est le facteur qui $\times$ 32

= 255840, et par la division je n'ai fait que retrancher successivement au dividende tous les produits partiels dont il avait été formé.

Voici un tableau de l'opération résumée :

Dividende général. 255840	32
Deuxième dividende partiel. . 318	7995
Troisième dividende partiel. . . 304	
Quatrième dividende partiel. . . . 160	1ᵉʳ quotient... 2ᵉ quotient... 3ᵉ quotient... 4ᵉ quotient...
Dernier reste. 000	

86. *Scolie.* 1° Quand le dividende partiel, formé par le reste d'une soustraction et le chiffre abaissé près de lui, n'est pas un nombre assez grand pour contenir le diviseur, on écrit zéro au quotient. Par exemple, soit 1527556 à diviser par 508.

L'opération disposée, après avoir trouvé   1527556 | 508
un premier reste 3, le chiffre 5 abaissé n'a   00355 | 300
formé que 55 < 508 ; j'ai donc écrit 0 au
quotient. Le troisième dividende partiel 355 est encore < 508, et le troisième quotient est encore zéro ; mais le quatrième dividende, qui contiendra quatre chiffres, sera nécessairement divisible par 508. Les zéros écrits au quotient tiennent la place des unités dont les ordres manquent ; et, si on négligeait de les écrire, les autres chiffres perdraient leur valeur.

Scolie. 2° Dans la pratique, pour éviter les erreurs, il est bon, quand le dividende contient beaucoup de chiffres, de marquer chaque chiffre d'un point, à mesure qu'il est descendu près du reste pour former un dividende partiel. Ainsi, si on avait 1717348 à diviser par 284, on aurait le tableau ci-après de l'opération terminée :

$$
\begin{array}{r|l}
\overset{\cdot\,\cdot\,\cdot\,\cdot}{1717348} & 284 \\
01334 & \overline{6047} \\
1988 & \\
00 &
\end{array}
$$

Scolie. 3° Le reste d'une division partielle ne peut jamais être plus grand, ni même égal au diviseur, car alors il serait encore divisible par ce terme, et le quotient serait trop faible d'autant de fois 1 que le reste contiendrait encore le diviseur.

Supposons, par exemple, que dans la division de 1527556 par 508, j'aie écrit 2 pour premier quotient; j'aurais eu 511 pour reste, et ce reste serait trop fort, puis-que 511 est encore plus grand que 508; et comme il le contient une fois, j'écrirai 3 au quotient, au lieu de 2.

$$\begin{array}{c|c} 1527556 & 508 \\ 511 & \overline{2} \end{array}$$

EXERCICES. Divisez 976 par 24. — 742976 par 247. — 1017080 par 4328.

Vingtième Leçon.

87. Théorème 1er. Dans toute division, le quotient est toujours *en raison directe* du dividende.

Ainsi $\dfrac{36}{9} = 4$; mais $\dfrac{360}{9} = 4 \times 10 = 40$.

Le dividende 360 est dix fois plus grand que le pre-mier 36, et le quotient est devenu également dix fois plus grand. En général, toutes les fois que le dividende seul aura été multiplié par un nombre, le quotient sera aussi multiplié par ce nombre.

En effet, d'après la définition, les facteurs du divi-dende, qui ne sont pas contenus dans le diviseur, doivent se retrouver dans le quotient; donc puisque le facteur **10** a été introduit dans le dividende 36, sans être introduit au diviseur 9, il faut bien qu'il se retrouve au quotient.

Pareillement, si le dividende seul avait été divisé, le quotient l'aurait été par le même nombre.

Ainsi $\dfrac{28}{7} = 4$; mais $\dfrac{28 : 2}{7}$; ou bien $\dfrac{14}{7} = 2$.

La raison arithmétique est facile à déduire de l'explica-tion précédente.

88. Théorème 2e. Le quotient est toujours en *raison inverse* du diviseur.

Par exemple, $\dfrac{72}{8} = 9$; mais $\dfrac{72}{8 : 2} = 9 \times 2 = 18$.

En effet, le facteur 2 retranché du facteur connu 8, doit nécessairement se retrouver dans le facteur encore inconnu de 72, sans quoi la multiplication de ce dernier par 8 : 2, c'est-à-dire par 4, ne pourrait pas reproduire 72; elle reproduirait $\frac{72}{2}$, c'est-à-dire, 72 diminué du facteur 2. Donc toutes les fois que le diviseur seul aura été divisé, le quotient sera multiplié par le même nombre.

Pareillement, quand le diviseur seul aura été multiplié, le quotient sera divisé par le même nombre.

Ainsi $\frac{96}{4} = 24$; mais $\frac{96}{4 \times 3} = \frac{24}{3} = 8$.

89. THÉORÈME 3e. Quand le dividende et le diviseur auront été tous les deux multipliés ou divisés par le même nombre, le quotient restera le même.

Ainsi $\frac{32}{8} = 4$; mais $\frac{32 \times 3}{8 \times 3} = 4$.

Car, d'après le théorème (87), le facteur 3 introduit au dividende, devra se retrouver dans le quotient : mais, d'après le théorème (88), ce même facteur, introduit au diviseur, devrait sortir du quotient; donc ce quotient reste le même.

Pareillement, $\frac{48}{8} = 6$; mais aussi $\frac{48 : 4}{8 : 4} = \frac{12}{2} = 6$.

Démonstration facile à déduire de la précédente.

90. THÉORÈME 4e. Quand le dividende et le diviseur sont, le premier multiplié, le second divisé par le même nombre, le quotient est multiplié par le carré de ce nombre.

Ainsi $\frac{32}{8} = 4$; mais $\frac{32 \times 2}{8 : 2} = 4 \times 2^2 = 16$.

En effet, non-seulement le facteur 2 est introduit une fois dans le dividende, et par cette raison doit se retrouver dans le quotient, mais encore il a été retranché au diviseur et par cette seconde raison, il doit se retrouver encore une fois au quotient; or, introduire un nombre deux fois facteur dans un autre, c'est bien multiplier ce dernier par le carré de l'autre.

Pareillement, si le dividende a été divisé par un nombre, et le diviseur multiplié par ce même nombre, le quotient est divisé par le carré de ce nombre.

Ainsi $\frac{32}{8} = 4$; mais $\frac{32 : 2}{8 \times 2} = \frac{4}{2^2} = 1,$

Démonstration facile à déduire de ce qui précède.

Vingt-unième Leçon.

DIVISION DES NOMBRES DÉCIMAUX.

91. EN RÈGLE GÉNÉRALE : quand l'un des deux termes de la division proposée contient, ou si tous les deux contiennent des chiffres décimaux, on pourra ramener la division à celle d'un nombre entier par un autre; pour cela, on écrira à la droite de celui des deux termes qui ne contiendra pas de décimales, ou qui en contiendra le moins, assez de zéros pour que le nombre de chiffres décimaux soit le même. On sait que ces zéros n'en changeront pas la valeur. Cela fait, on supprimera la virgule de part et d'autre, ce qui rendra les deux termes un certain nombre de fois 10 fois plus fort, mais ce qui n'influera en rien sur la valeur du quotient (89).

Le quotient sera un entier quand le dividende après avoir subi ces premières transformations, sera resté plus fort que le diviseur; dans le cas contraire, ce sera une fraction.

Voici tous les cas qui peuvent se présenter dans la division des nombres décimaux, et la manière d'opérer dans chacun d'eux.

1er CAS. *D'un entier par une fraction.*

92. Soit $\dfrac{5616}{0,8}$; multipliez les deux termes par 10 , il

viendra : $\dfrac{56160}{8} = 7020$.

Remarquez que le quotient est plus grand que le diviseur ; ainsi le mot *diviser* n'emporte pas toujours une idée de diminution. Le quotient 7020 est $>$ que le dividende 5616 ; il indique que le nombre 0.8 est contenu 7020 fois dans le dividende, tandis qu'un nombre 10 fois plus petit y serait contenu 10 fois moins. Par conséquent, 0,08 y serait contenu 70200 fois ; 0,008 y serait contenu 702000 fois, etc., etc.

2e CAS. *D'un nombre fractionnaire par un entier.*

93. Soit $\dfrac{81,54}{3}$; multipliez les deux termes par 100 , pour faire disparaître la fraction du dividende, il viendra $\dfrac{8154}{300} = 27$ entiers. En effectuant l'opération, on trouvera un reste 54, qu'il faudrait évaluer (n° 89 et suivants).

Soit encore $\dfrac{2,17}{3}$; en multipliant par 100 , il viendra $\dfrac{217}{300}$, dont le quotient ne peut être qu'une fraction, puisque le dividende est $<$ que le diviseur.

Enfin, $\dfrac{3,471}{3} = \dfrac{3471}{3000}$, dont le quotient sera un nombre fractionnaire, et il en sera de même toutes les fois que le diviseur sera inférieur ou égal à la partie entière du dividende.

3e CAS. *D'une fraction par un entier.*

94. Soit $\dfrac{0,27}{9}$; en faisant disparaître la fraction, on aura $\dfrac{27}{900}$ dont le quotient ne peut être qu'une fraction

(*voy.* **99** et suiv.); car jamais l'entier diviseur ou facteur connu ne pourrait avoir donné pour produit la fraction 0,27, si l'autre facteur que l'on cherche était autre chose qu'une fraction.

4e CAS. *D'une fraction par une autre.*

95. Soit d'abord $\dfrac{0,049}{0,7}$; rendez les chiffres décimaux égaux, en prenant pour diviseur 700, et supprimez la virgule ; il viendra $\dfrac{49}{700}$; mais le dividende est plus petit que le diviseur 700, le quotient ne peut alors être qu'une fraction, car il n'y a qu'une fraction qui, multipliant un entier 700, ait pu produire un nombre plus petit que le multiplicande. (n° 65, *Scolie.*)

De même si on avait eu $\dfrac{0,49}{0,0007}$, en égalisant les chiffres décimaux, il viendrait $\dfrac{0,4900}{0,0007}$, et supprimant la virgule, $\dfrac{4900}{7}$, dont le quotient sera un entier, ou au moins un entier fractionnaire, parce que le diviseur est $<$ que le dividende.

Dans tous les cas, il sera toujours possible d'effectuer la division, quand même le dividende serait plus petit que le diviseur.

Ainsi $\dfrac{0,0096}{0,12} = 0,08$.

En effet, si 12 est contenu 8 fois dans 96 entiers,
0,12 y est contenu 800 fois,
Comme   0,12 est contenu 8 fois dans 0,96,
Comme   0,12 est contenu 0,8 de fois dans 0,096,
Et enfin 0,08 de fois dans 0,0096.

5e CAS. *D'un nombre fractionnaire par une fraction.*

96. Soit $\dfrac{4,781}{0,7}$; égalisez les chiffres décimaux par des zéros au diviseur, vous aurez $\dfrac{4,781}{0,700}$, et multipliez par 1000, il vous viendra $\dfrac{4781}{700} = 6$ en nombre entier, plus une fraction, que vous trouverez conformément à la règle qui sera donnée (n° 99 et suiv.).

Ici, comme dans le cas d'un entier par une fraction, le quotient doit être plus grand que le dividende, et la raison est la même.

6⁰ CAS. *D'un nombre fractionnaire par un autre.*

97. Soit $\dfrac{517,025}{42,5}$; égalisez les décimales par des zéros, et supprimez la virgule, il viendra $\dfrac{517,025}{42,5} = \dfrac{517025}{42500}$.

Donc le quotient sera un nombre fractionnaire, à moins que le diviseur ne soit un sous-multiple du dividende, auquel cas le quotient serait un entier.

Mais ce quotient sera toujours une fraction si la partie entière du diviseur est plus petite que la partie entière du dividende, puisque jamais un facteur plus grand qu'une fraction, multiplié par un nombre déjà plus grand que le dividende, ou au moins égal à ce dividende, ne pourrait donner un produit plus petit.

Par exemple, $\dfrac{4,07}{8,2} = \dfrac{407}{820}$, dont le quotient ne peut être évidemment obtenu que par une évaluation. (*Voy.* n° 99 et suiv.)

CAS ABRÉVIATIFS DANS LA DIVISION.

98. 1° Quand on veut diviser un nombre par 10, **100**, 1000, 10000, etc., il suffit de séparer à la droite du nombre autant de chiffres décimaux qu'il y a de zéros après l'unité.

Ainsi $\dfrac{27539}{100} = 275,38.$ (*Voy.* 39.)

2° Quand le diviseur est terminé par des zéros, on divise d'abord par les chiffres significatifs de ce terme, et ensuite on sépare à la droite du quotient autant de chiffres décimaux qu'il y a de zéros au diviseur.

Ainsi $\dfrac{472824}{900} = 525{,}36$.

En effet, $\dfrac{472824}{9} = 52536$; mais ce n'était pas par **9** qu'il fallait diviser, c'était par **900**. Or, puisque le diviseur doit être cent fois plus grand, le quotient 52536 est cent fois trop fort ; donc en le divisant par 100, je l'ai ramené à sa juste valeur. (*Voy.* 88.)

3° Quand le dividende et le diviseur sont tous deux terminés par des zéros, on peut, sans rien changer au quotient, supprimer de part et d'autre un même nombre de zéros.

Ainsi $\dfrac{240000}{6000} = \dfrac{240}{6} = 40$. (*Voy.* 89.)

4° Pour diviser une fraction décimale par **10, 100, 1000**, etc., et en général par une puissance quelconque de **10**, il faut reculer la virgule d'autant de rangs vers la gauche qu'il y a de zéros après l'unité dans le diviseur, et par conséquent écrire autant de zéros à la gauche de la fraction.

Ainsi, par exemple, 0,3 divisé par 100 = 0,003 ;

De même, 0,683 divisé par 1000 = 0,000683.

5° Quand le nombre est fractionnaire, le principe étant le même, le procédé reste le même.

Ainsi $\dfrac{375{,}26}{100} = 3{,}7526$.

Vingt-deuxième Leçon.

ÉVALUATION DES QUOTIENTS.

99. Toutes les fois que le diviseur présente une expression numérique plus forte que le dividende, le quotient ne peut être qu'une expression fractionnaire ; ceci résulte de tout ce que nous avons déjà vu.

Il est possible que l'expression fractionnaire cherchée soit un sous-multiple du dividende, et dans ce cas, le quotient sera encore exact, mais pour l'obtenir il faudra faire subir au dividende certains changements que nous allons étudier sur divers exemples. 1° Supposons d'abord qu'il soit question de chercher le quotient de 15 divisé par 32; le quotient ne peut être qu'une fraction, puisque le facteur connu 32 est déjà plus grand que le produit. Mais on sait qu'une fraction qui multiplie un entier (65) donne un produit plus faible que l'entier. La partie entière du quotient sera 0;
en multipliant par 10 le dividende 15,
on obtient 150 unités d'un ordre 10 fois
plus petit; ce sont des unités de dixiè-

$$\begin{array}{r|l} 150 & 32 \\ \hline & 0, \end{array}$$

mes; et 150 divisé par 32 donnera un quotient 4; mais ce 4 sera des dixièmes, car le quotient est toujours de même nature que le dividende. Le reste 22 représente 22 dixièmes; mais 22 dixièmes
égalent 220 centièmes; donc en mul-
tipliant 22 par 10, on aura au quotient
des centièmes; on trouve 6, et pour
second reste 28.

$$\begin{array}{r|l} 150 & 32 \\ 220 & \\ \hline 28 & 0,46 \end{array}$$

A son tour, ce second reste pourra être considéré comme représentant 280 millièmes, et $\dfrac{280}{32} = 8$; ce 8 représente les millièmes du quotient, et multipliant successivement le reste par 10, on arrive à un quotient exact, 0,46875 comme il est facile de le vérifier.

2° Soit maintenant 15 à diviser par 0,32 (n° 92), on aura, en considérant 32 comme un entier, le quotient 0,46875. Mais à cause que le diviseur 32 est 100 fois plus grand que 0,32, le quotient 0,46875 est 100 fois trop petit, et on le rend 100 fois plus grand en écrivant 46,875.

3° Soit encore 1,5 à diviser par 32 (n° 93). En prenant 1,5 comme un entier; nous aurons d'abord le quotient 0,46875; mais puisque le dividende est 10 fois plus petit que 15, le quotient 0,46875 est 10 fois trop grand, et pour le rendre 10 fois plus petit, c'est-à-dire le ramener à sa juste valeur, on écrira 0,046875.

4° Soit encore 0,15 à diviser par 0,32, on aura

0,46875, comme si on divisait 15 par 32, car la fraction 32 centièmes est avec la fraction 15 centièmes dans le même rapport que 32 est avec 15, c'est-à-dire que 0,32 est contenu 46875 centmillièmes de fois dans 0,15, comme 32 est contenu 46875 cent-millièmes de fois dans 15.

5° Soit 0,00015 à diviser par 0,32 (n° 95). On aura d'abord $\frac{15}{32} = 0,46875$.

Mais comme le dividende est 1000 fois plus grand que ce qu'il doit être, le quotient est aussi 1000 fois trop grand, et le quotient vrai sera 0,00046875.

6° Soit enfin 1,5 par 0,32, le quotient de 15 par 30 serait 10 fois trop faible; car si, d'une part, à cause des dixièmes du dividende, 0,46875 devait être divisé par 10, d'autre part à cause des centièmes du diviseur, ce même quotient devrait être multiplié par 100; donc, compensation faite, il reste 4,6875.

Le dividende peut présenter une expression plus grande que celle du diviseur, sans que ce diviseur soit un multiple exact du dividende en nombre entier; alors après avoir divisé autant qu'il était possible, on arrive à un reste trop faible pour être divisé par le diviseur, et qui peut se trouver à son égard dans l'un des cas que nous venons d'examiner.

Soit, par exemple, 717 à diviser par 8; on a d'abord un quotient 89 plus un reste 5. En multipliant ce reste par 10, ainsi que les restes successifs, on arrive à une partie fractionnaire 625 millièmes; et, comme le dernier reste est exact, le quotient 89,625 est exact aussi.

$$\begin{array}{r|l} 717 & 8 \\ 77 & \\ 50 & 89{,}625 \\ 20 & \\ 40 & \\ 0 & \end{array}$$

100. Mais il est rare que le quotient, même fractionnaire, soit exact: et quand même il devrait l'être, on serait souvent obligé de continuer trop longtemps et inutilement la recherche des fractions successives. Quand on prévoit que le quotient ne pourra être exact, ou si l'on n'a besoin que d'un quotient à peu près exact, comme par exemple, quand il s'agit de fractions de millimètre,

4

ou de fractions de centime, on évalue le quotient *approximativement* en fixant d'avance le degré de la fraction décimale à laquelle on s'arrêtera.

Soit à diviser 210058 par 27, dont le quotient sera donné à moins de 0,001 près.

On a d'abord pour partie entière du quotient 7779; puis multipliant le reste 25 par 1000, et divisant, on aura 925 millièmes pour partie fractionnaire.

$$
\begin{array}{r|l}
210058 & 27 \\
210 & \overline{} \\
\quad 215 & 7779{,}925 \\
\quad 268 & \\
\end{array}
$$

Reste. 25,000
70
160
25

Donc 7779.925 est le quotient vrai à moins de 1 millième près, c'est-à-dire que, s'il était augmenté seulement d'un millième, on aurait un facteur trop fort, car on trouverait $27 \times 7779{,}926 = 210058.005$; produit qui excède de 5 millièmes le dividende donné, ce qui n'aurait pas lieu si le facteur trouvé n'était pas plus grand qu'il ne doit être, puisque ce sont les deux facteurs (diviseur et quotient) qui ont formé ce dividende.

101. Si le dividende est un nombre fractionnaire, on opère d'abord jusqu'à la fin, et l'évaluation du reste est une *fraction de fraction*.

$$
\frac{32{,}07}{6} = 5{,}34\ldots + \text{un reste } 3.
$$

Le 3 qui reste exprime 3 centièmes; donc la fraction qu'on voudra avoir sera une fraction de centième. Si on continue l'opération par les décimales, on aura des dixièmes de centième, des centièmes de centième, selon que l'on multipliera par 10 ou par 100; alors le quotient obtenu s'écrira à la suite de 34.

102. *Scolie.* 1° On pourrait très souvent pousser l'évaluation plus loin, sans arriver à un quotient fini, parce que la nature des fractions décimales s'y oppose.

Scolie. 2° Souvent aussi il serait impossible de pousser l'évaluation au delà d'un certain ordre décimal, parce que les mêmes restes réparaissant, donneraient les mêmes quotients. Ainsi, dans le premier exemple, on ne pourrait pas aller au delà des millièmes, parce que le même reste 25, revenu après la troisième décimale, étant encore multiplié par 10, 100, 1000, donnerait les mêmes quotients successifs 9, 2, 5.... encore suivis des mêmes restes, et le quotient de $\dfrac{210058}{27}$ serait de la forme 7779,925925925..... Cette forme de fraction s'appelle *décimale périodique.* Nous en parlerons ailleurs.

Scolie. 3° Si le diviseur se terminait par des zéros, au lieu de multiplier par 10 le reste qu'on voudrait évaluer, il serait plus simple d'effacer autant de zéros au diviseur que cela serait possible ; ce serait le diviser par 10, ce qui équivaudrait à multiplier le dividende par 10, un certain nombre de fois, par exemple : $\dfrac{572}{200}$.

$$
\begin{array}{r|l}
\text{On aura } 572 & 200 \\
17 & \overline{2,86} \\
12 & \\
0 &
\end{array}
$$

Scolie. 4° Lorsqu'on ne veut pas évaluer le quotient, on écrit le reste à la droite du quotient obtenu, et au-dessous, le diviseur séparé par un trait horizontal.

Ainsi $\dfrac{31}{9} = 3 + \dfrac{4}{9} \ldots \dfrac{4}{9}$ indique que le reste 4 devrait aussi être divisé par 9 ; mais l'expression est celle d'une fraction, dite *fraction ordinaire,* dont nous parlerons ailleurs.

Vingt-troisième Leçon.

DIVISIBILITÉ DES NOMBRES.

1°3. On entend par *divisibilité* la propriété qu'un nombre a de pouvoir être divisé par un autre.

On dit qu'un nombre est *divisible* par un autre, quand l'opération s'effectue sans reste. Ainsi 28 est divisible par 7. Alors on dit que 7 est un *partie aliquote* de 28 parce qu'il y est contenu exactement 4 fois, de même 4 est une partie aliquote de 36, etc.

Un nombre qui n'est pas exactement facteur d'un autre en est une *partie aliquante*; 5 est aliquante de 28, et aliquote de 20.

104. Il existe certains caractères auxquels on peut reconnaître, à la seule vue, par quel nombre un autre est divisible. Voici les principaux :

1° Un nombre est divisible par 2 quand il se termine par un des chiffres 2, 4, 6, 8, 0.

Ainsi $\dfrac{276}{2} = 138$.

Car les dizaines sont multiples de 2; or, il ne peut rester après la division des chiffres à gauche des unités que 1 ou 0. S'il reste 1, cette dizaine, jointe au chiffre terminatif, forme un multiple de 2; s'il reste 0, le chiffre des unités étant divisible par 2, tout le nombre est divisible par 2.

Scolie. Un nombre divisible par 2 est appelé *nombre pair*; dans le cas contraire, c'est un *nombre impair*.

2° Un nombre est divisible par 3 quand la somme des chiffres, additionnés dans leur valeur absolue, forme un nombre multiple de 3.

Ainsi $\dfrac{2014281}{3} = 671427$;

parce que $2 + 0 + 1 + 4 + 2 + 8 + 1 = 18$, et que 18 est multiple de 3.

3° Un nombre est divisible par 4 quand il est pair, et que les deux derniers chiffres forment un multiple de 4.

Ainsi $\dfrac{700516}{4} = 175129$.

Car les centaines sont multiples de 4; quel que soit le chiffre des centaines que l'on adjoigne à 16, que l'on sait être un multiple de 4, il ne peut former avec eux qu'un nombre également divisible par **4**, et en effet $\frac{416}{4} = 129$.

Donc tout le nombre est divisible par **4**.

4° Un nombre est divisible par **5** quand il se termine par 0, ou par **5**.

Ainsi $\frac{135}{5} = 27$; $\frac{7850}{5} = 1570$.

Car les dizaines sont multiples de 5, donc tout le nombre doit l'être.

5° Un nombre est divisible par **6**, quand il offre en même temps les caractères de divisibilité par **2** et par **3**.

Ainsi $\frac{7019112}{6} = 1169852$.

Car un nombre qui est divisible par un autre peut être divisé par les sous-multiples de cet autre. Or, $6 = 2 \times 3$. (*Voy.* ci-après 105.)

6 Un nombre est divisible par **9** quand la somme des chiffres, comptés dans leur valeur absolue, est un nombre multiple de **9**.

Ainsi $\frac{106713}{9} = 11857$.

En effet, un chiffre significatif suivi de zéros forme toujours un nombre divisible par 9, plus un reste égal à ce chiffre lui-même ; $\frac{100}{9} = 11 + 1$; $\frac{2000}{9} = 222 + 2...$ et ainsi des autres. Or, en décomposant 106713 en ses divers ordres d'unités, et divisant chacun par 9, on formera le tableau suivant :

$$100000 : 9 = 11111 + 1$$
$$00000 : 9 = 0000 + 0$$
$$6000 : 9 = 666 + 6$$
$$70 : 9 = 77 + 7$$
$$10 : 9 = 1 + 1$$
$$3 : 9 = 0 + 3$$
$$\overline{18}$$

Or, la somme des restes n'est autre que celle des chiffres du nombre proposé ; cette somme est multiple de 9. Mais les autres parties étaient déjà divisées par 9 ; donc tout le nombre donné était divisible par 9.

7° Un nombre est divisible par 11 quand la somme des chiffres de rang pair est égale à celle des chiffres de rang impair, ou bien quand une des deux surpasse l'autre de 11 ou d'un multiple de 11.

Ainsi 834251 est divisible par 11, parce que $1 + 2 + 3 = 6$, somme des chiffres de rang pair, est surpassé de 11 par $5 + 4 + 8 = 17$, somme des chiffres de rang impair.

En effet, $\dfrac{834251}{11} = 75841$. De même $\dfrac{3179}{11} = 289$, parce que la somme des chiffres de rang pair égale celles de chiffres de rang impair.

Voilà pourquoi tous les nombres écrits par un chiffre doublé sont divisibles par 11 (1).

105. 1° Tout nombre qui en divise un autre, divise aussi les multiples de cet autre nombre.

Par exemple, $\dfrac{50}{5} = 10$.

Mais 50×3 sera aussi divisible par 3, car le facteur 5 n'a pas cessé d'exister dans 50×3.

En effet, $\dfrac{50 \times 3}{3} = \dfrac{150}{3} = 50$.

Seulement le facteur 3, introduit au dividende, se trouve au quotient nouveau. En effet, $50 = 10 \times 5$.

Scolie. Donc un nombre divisible par un autre est divisible par les sous-multiples de celui-ci, ou par sa racine, si c'est un carré. Par exemple, un nombre divisible par 64 est divisible par 8, sa racine, ainsi que par 2, 4, sous-multiples de 8.

2° Un nombre qui divise à la fois deux quantités, divise

---

(1) Comme ce caractère n'a pas d'autre conséquence, et qu'il est de peu d'usage en arithmétique, nous croyons inutile d'en donner ici la démonstration qui exige la connaissance des fractions.

aussi le reste de ces deux quantités, divisées l'une par l'autre.

Par exemple, 135 et 20 sont tous deux divisibles par 5, ce qui se voit à l'aspect seul de leur terminaison.

Or, $\dfrac{135}{20} = 6 +$ un reste 15; 15 est bien divisible par 5.

En effet, $\dfrac{135}{5} = 27$, et $\dfrac{20}{5} = 4$.

Donc $135 = 5 \times 27$.

$20 = 5 \times 4$.

Mais on a déjà $\dfrac{135}{20} = 6 + 15$.

Par conséquent $135 = (20 \times 6) + 15$; ou bien, remplaçant 135 et 20 par leurs quantités égales,

$$5 \times 27 = (4 \times 5 \times 6) + 15.$$

Or, 5 est évidemment facteur dans la première égalité; il faut bien qu'il le soit dans la somme des deux parties qui composent la seconde (65).

5° Tout nombre qui divise le reste d'une division et le diviseur, divise aussi le dividende.

Soient encore les deux nombres 135 et 20, on a d'abord $\dfrac{135}{20} = 6 +$ un reste 15.

Je dis que 5, qui divise 20 et 15, doit diviser 135.

En effet, $135 = (20 \times 6) + 15$; ou bien $135 = (4 \times 5 \times 6) + (3 \times 5)$.

Or, en supprimant le facteur 5 dans les deux parties du second membre de l'égalité, il faut bien qu'il puisse être retranché dans 135, sans quoi il faudrait admettre qu'un tout est égal à la somme de ses parties moins quelques-unes, ce qui est absurde.

Vingt-quatrième Leçon.

DES NOMBRES PREMIERS.

106. Tout nombre se divise lui-même, parce que, multiplié par l'unité, il restera ce qu'il est.

Réciproquement tout nombre est divisible par 1, parce que l'unité est facteur de tous les nombres.

Quand un nombre n'est divisible que par lui-même et par l'unité, on l'appelle *nombre premier*. 1, 2, 3, 5, 7... 41, etc., sont des nombres premiers.

Tous les nombres premiers sont *impairs*, excepté 2 ; mais tous les nombres impairs ne sont pas premiers ; tel 25 qui est égal à 5×5 ; tel $21 = 3 \times 7$.

Deux nombres *sont premiers entre eux*, quand ils ne peuvent pas être divisés par le même nombre. Ainsi 8 et 12 ne sont pas premiers entre eux, parce qu'ils ont un facteur commun qui est 4. Mais 15 et 8 sont premiers entre eux ; car,

$$15 = 3 \times 5,$$
$$\text{et } 8 = 2 \times 4.$$

107. Dans les cent premiers nombres, il n'y a que *vingt-six* nombres *premiers absolus*. Voici comme on les obtient : on écrit d'abord sous la forme d'un tableau les cinquante nombres impairs de 1 à 100, en y comprenant le nombre 2 ; de cette manière :

1	2	3	5	7	9	11	13
	15	17	19	21	23	25	27
	29	31	33	35	37	39	41
	43	45	47	49	51	53	55
	57	59	61	63	65	67	69
	71	73	75	77	79	81	83
	85	87	89	91	93	95	97
	99. . . .						

Les multiples de 2 n'ont pas besoin d'être écrits, puisqu'il est certain qu'ils ne sont pas premiers. La table écrite, à partir de 3, on compte de trois en trois, et on trouve les multiples de 3, que l'on efface ; ce sont 9, 15, 21, etc. ; ensuite, à partir de 5, on compte de cinq en cinq, et on efface les multiples de 5 ; ce sont 15, 25, 35, etc. Et, après avoir compté et effacé de sept en sept, de neuf en neuf....., on a fait ainsi disparaître tous les multiples, et il ne reste plus que les nombres premiers, qui sont :

1	2	3	5	7	.	11	13
	.	17	19	.	23	.	.
	29	31	.	.	37	.	41
	43	.	47	.	.	53	.
	.	59	61	.	.	67	.
	71	73	.	.	79	.	83
	.	.	89	.	.	.	97

Cette méthode s'appelle *crible*, à cause des vides laissés dans le tableau, quand on a fait disparaître les multiples. La seconde centaine contiendrait moins de nombres premiers et ainsi toujours en diminuant à la troisième, à la quatrième centaine, parce que celle-là contiendrait de plus que la première, les multiples de 11, de 13, etc.

Il est utile de connaître au moins ceux de la première centaine, parce qu'ils entrent comme facteurs dans la plupart des nombres et qu'on a souvent besoin de les y reconnaître.

108. Tout nombre qui n'est pas premier absolu a au moins deux facteurs ; souvent il en a bien davantage. Voici comment on les obtient.

Soit à trouver tous les diviseurs de 360.

On divise 360 par le plus petit nombre premier après l'unité, c'est-à-dire par 2, autant de fois que cela est possible ; puis on divise le dernier reste par 3, autant de fois qu'il se peut ; puis par 5, et ainsi de suite, en prenant successivement pour diviseur les nombres premiers, par ordre ; et, pour plus de régularité, on dispose l'opération de cette manière :

A la droite du trait vertical sont tous les *diviseurs simples* ou *facteurs premiers*. Le premier quotient 180 est divisible par 2, le troisième 90 l'est encore ; mais 45 est divisible par 3 ; 15 l'est également ; le quotient 5 est un nombre premier qui ne peut donner que 1 au quotient.

360	2
180	2
90	2
45	3
15	3
5	5
1	

Ainsi tous les facteurs premiers de 360 sont : d'abord l'unité, puisqu'elle entre facteur dans tous les nombres ; puis trois fois le facteur 2, 2 fois le facteur 3, et une fois le facteur 5, et par conséquent $360 = 1 \times 2^3 \times 3^2 \times 5 = 1 \times 8 \times 9 \times 5$; mais si 2 est 3 fois facteur dans 360, il en résulte que 360 est divisible par 2, puis par 2×2, puis par $2 \times 2 \times 2$, c'est-à-dire que 1, 2, 4, 8 sont les premiers diviseurs que l'on trouve.

De plus, 360 a pour facteur 3, et 3×3, c'est-à-dire 3 et 9. Mais le produit de ces nouveaux facteurs par les quatre autres doivent entrer aussi dans 360 (1), et on aura 1×3 ; 2×3 ; 4×3 ; 8×3.

Ou bien   3   6   12   24.

De plus, 1×9 ; 2×9 ; 4×9 ; 8×9.

Ou bien   9   18   36   72.

Ce qui donne déjà douze diviseurs.

Enfin, 5 étant facteur premier, le produit de ce nombre par tous les autres sera aussi facteur de 360, et il viendra douze autres diviseurs, savoir :

$$1 \times 5 ; 2 \times 5 ; 4 \times 5 ; 8 \times 5 ; 1 \times 3 \times 5 ; 2 \times 3 \times 5.$$

Ou bien   5   10   20   40   15   30

$$4 \times 3 \times 5 ; 8 \times 3 \times 5 ; 1 \times 9 \times 5 ;$$

Ou bien   60   120   45

$$2 \times 9 \times 5 ; 4 \times 9 \times 5 ; 8 \times 9 \times 5 ;$$

Ou bien   90   180   360

Voici le tableau des résultats obtenus :

360	1				
360	1	1	2	4	8
180	2	3	6	12	24
90	2	9	18	36	72
45	3	5	10	20	40
15	3	15	30	60	120
5	5	45	90	180	360
1					

On trouvera par cette méthode que les diviseurs de 38808 sont au nombre de soixante-douze.

---

(1) *Voyez* numéro 105.

Vingt-cinquième Leçon.

DU DIVISEUR COMMUN ET DU PLUS GRAND DIVISEUR COMMUN A DEUX NOMBRES.

109. On dit *qu'un diviseur est commun* à deux nombres quand il entre facteur dans tous deux, ou quand il peut les diviser tous deux sans reste.

Ainsi 4 est un diviseur commun à 8 et à 20.

Les caractères de divisibilité de chacun des deux nombres peuvent aider à la recherche de tous leurs diviseurs communs. Ainsi, par exemple, 60 et 630 ont d'abord 2 pour diviseur, car ils sont pairs, et après avoir retranché ce facteur, il reste. . . . . 30 et 315

Ils sont encore divisibles tous deux par 3, car la somme de leurs chiffres égale un multiple de 3, et il reste. 10   105

Enfin ils sont tous deux divisibles par 5, et on a. . . . . 2 et 21

Les nombres 2 et 21 n'ayant plus de facteur commun sont ramenés à l'état de nombres premiers entre eux.

Puisqu'on a fait sortir successivement les facteurs 2, 3, 5, il en résulte que leur produit $2 \times 5 \times 3 = 30$ est aussi diviseur commun aux deux nombres 60 et 630. Mais je dis de plus que 30 est LE PLUS GRAND DIVISEUR COMMUN aux deux nombres.

En effet, $\dfrac{60}{30} = 2$; $\dfrac{315}{30} = 21$, donc il est *commun*, et, de plus, il est le *plus grand*; c'est-à-dire qu'il contient en lui tous les autres.

110. Quand deux nombres ont été divisés par leur *plus grand diviseur commun*, ils sont devenus premiers entre eux, car s'ils avaient encore un facteur commun, celui-ci devrait faire partie du plus grand, qui alors ne mériterait pas le nom *de plus grand*.

Le plus grand diviseur commun s'exprime par la notation P. G. D. C. Quand on veut ramener deux nombres à être premiers entre eux, il faut chercher de suite leur

P. G. D. C. ; mais les caractères de divisibilité ne sont pas toujours suffisants ; il pourrait arriver que deux nombres eussent un diviseur commun que rien ne fît connaître au premier coup d'œil.

Par exemple 70 et 1729, n'offrent aucun des caractères de divisibilité qui leur soit commun, et cependant ils ont un facteur commun qui est 19.

Voyons comment il est possible de le trouver.

Observons d'abord que le **P. G. D.** commun à ces deux nombres ne peut pas être plus grand que **570**, il peut tout au plus l'égaler ; donc, si 570 divisait 1729, il serait lui-même le **P. G. D. C.** aux deux nombres, car il se divise lui-même. Tentons donc cette division : nous trouverons $\dfrac{1729}{570} = 3 +$ un reste **19**.

Donc 570 n'est pas le **P. G. D. C.** Mais un nombre qui divisera à la fois 570 et 1729, devra aussi diviser leur reste 19. (V. 105.) Et si 19 pouvait diviser 570, il diviserait aussi 1729, il serait le **P. G. D. C.**

Essayons donc, et nous trouverons que $\dfrac{570}{19} = 30$ sans reste.

Nous trouverons également que $\dfrac{1729}{19} = 91$, donc **19** est le **P. G. D. C.**

111 Voici comment on dispose l'opération dans la pratique. Soient les deux nombres 161 et 437 ;

$$437 \mid \overset{2}{161} \mid \overset{1}{115} \mid \overset{2}{46} \mid \overset{2}{23}$$
$$115 \mid 46 \mid 23 \mid 0$$

On divise d'abord le plus grand nombre par le plus petit, on écrit le quotient au-dessus du diviseur, et le reste sous le dividende. Ce reste devient ensuite le diviseur du plus petit ; avec le second reste on divise le premier ; et continuant ainsi à diviser le dernier diviseur par le dernier reste, celui qui donne 0 pour reste est le **P. G. D. C.**

Ainsi 23 divise 46 ; mais d'après le théorème 2ᵉ (n° 105), 46 étant le reste de la division de 161 par 115, le dividende 161 doit être aussi divisible par 23 ; à son tour 115 étant le reste de la division de 437 par 161 et le diviseur 161 étant, comme le reste 115, divisible par 23, le dividende 437 doit également l'être ; or, 437 et 161 sont les deux nombres proposés.

112. *Scolie.* 1° Si un diviseur donne l'unité pour reste, on peut affirmer que les deux nombres n'ont pas de P. G. D. C. ; car l'unité divise tous les nombres, et si le dividende qui a amené ce reste ne peut être divisé exactement, comment les autres pourraient-ils l'être ?

Donc on pourra se dispenser de continuer l'opération dès que le reste où l'on sera arrivé sera reconnu pour un nombre premier, à moins qu'il ne soit facteur dans le reste précédent.

$$512 \mid 329 \mid 183 \mid 146 \mid 37$$
$$\overline{183 \mid 146 \mid 27 \mid}$$

Arrivé au nombre 37, que je sais être premier absolu, je m'arrête, puisque 37 ne divise pas 146 ; car, comme il ne peut être divisé par aucun autre, la suite des opérations me mènerait à l'unité pour reste, ce qui retomberait dans le principe précédent.

Scolie. 2° Un nombre peut être diviseur commun, ou plus grand diviseur commun à plus de deux nombres.

Ainsi 3 est diviseur commun de 12, de 15, de 18 ; les seuls caractères de divisibilité suffisent pour le reconnaître. Mais quand on cherche le P. G. D. C. à plusieurs nombres, on cherche d'abord ce P. G. D. C. entre deux quelconques ; ensuite le P. G. D. C. à celui que l'on vient de trouver, et le troisième nombre, et ainsi de suite, s'il y a plus de trois nombres donnés.

Par ce moyen, on trouvera que 13 est P. G. D. C. aux trois nombres 364, 793, 1378.

Vingt-sixième Leçon.

DE L'EXTRACTION DES RACINES.

113. On nomme *racine* un nombre qui, ayant été multiplié par lui-même un certain nombre de fois, a produit un nombre donné.

Extraire une racine, c'est chercher le nombre qui, pris un certain nombre de fois facteur, a pu produire le nombre proposé. Ainsi 15 a pour racine carrée 4; 27 a pour racine cubique 3...

EXTRACTION DES RACINES CARRÉES.

114. On indique l'extraction d'une racine carrée en plaçant le nombre sous le signe $\sqrt{}$ qu'on nomme *radical*; de cette manière $\sqrt{36}$ indique que l'on doit considérer 36 comme ne valant que sa racine, ou qu'il faut chercher sa racine; et le résultat trouvé forme l'égalité $\sqrt{36} = 6$. Nous allons la considérer dans les nombres entiers, et dans les nombres décimaux.

EXTRACTION DE LA RACINE CARRÉE DES ENTIERS.

115. Tant que le nombre proposé n'est que de deux chiffres, il n'y a pas d'opération à faire. La mémoire est suffisante, puisque depuis 1 jusqu'à 100 il n'y a que dix carrés parfaits. (*Voy.* n° 68.)

Tous les nombres intermédiaires aux dix carrés consécutifs ne sont pas des carrés, et n'ont pas de racine exacte; on les appelle *nombres sourds* ou *incommensurables*. On ne peut obtenir leurs racines que d'une manière approchée; ainsi de 64 à 81, il y a dix-sept nombres sourds; 79 a pour racine carrée 8, plus une fraction; mais quelque nombre fractionnaire que vous imaginiez, vous n'en trouverez pas qui, multiplié par lui-même, reproduise 79.

Nous verrons plus loin la manière d'en faire l'évaluation.

116. Quand le nombre est composé de plus de deux chiffres, on extrait la racine à l'aide d'une opération.

Soit proposé le nombre 3249.

Remarquons d'abord que puisqu'il est composé de quatre chiffres la racine en devra contenir au moins deux, puisque le plus petit nombre de deux chiffres qui est 10, en a déjà trois à son carré 100; je dis, de plus, que la racine cherchée n'aura pas plus de deux chiffres, c'est-à-dire qu'elle n'aura que des dizaines et des unités, car des dizaines à leur carré donnent des centaines, et des centaines donneraient des dizaines de mille ; or, le nombre proposé ne contient que des mille, et comme mille n'est point un carré, la racine cherchée sera < 100 et > 10. Cela posé, je dispose l'opération à peu près comme pour une division, de cette manière :

$$3249 \ \Big|$$

et je commence par chercher les dizaines de la racine. Comme $10^2 = 100$, je ne pourrai trouver mes dizaines que dans les centaines du carré ; je sépare donc par un point mis sur les dizaines, une tranche de deux chiffres, de cette manière :

$$32\overset{.}{4}9 \ \Big|$$

et j'extrais d'abord la racine de 32 ; mais comme 32 n'est pas carré parfait, j'extrais la racine du plus grand carré contenu dans ce nombre ; or, c'est 25, dont la racine est 5 ; j'écris 5 au-dessus de la barre horizontale, et je soustrais le carré 25 de 32, ce qui donne 7 pour reste ; puis à côté de ce reste j'abaisse la tranche suivante, ce qui forme 749 de cette manière :

$$
\begin{array}{r|l}
32 \ 49 & 5 \\
25 & \\
\hline
749 &
\end{array}
$$

Puisque les dizaines de la $\sqrt{\ } = 5$, la racine elle-même ne peut pas être plus grande que 59 ; 749 doit contenir, d'une part, le carré des unités de la $\sqrt{\ }$, et, d'autre part, deux fois les dizaines multipliées par les unités. Nous ne connaissons pas les unités, mais nous connaissons les dizaines ; en les doublant, nous aurons un des deux facteurs du produit 74, et en divisant ce produit par le facteur connu, nous trouverons l'autre. Doublons donc 5 et divisons par 10 (ce double s'écrit sous la barre transversale); mais dans le dividende nous ne comprendrons pas les unités ou le 9, nous le séparerons par un point ; car des dizaines ne peuvent diviser que des dizaines ; or, 74 divisé par 10 donne 7 pour quotient, et 7 est le second chiffre de la racine ; je l'écris à la droite du 5, et à côté de 10, puis je multiplie 107 par 7, dont le produit 749 retranché de 749 donne zéro pour reste; donc 57 est la $\sqrt{\ }$ carrée de 3249.

OPÉRATION.

$$
\begin{array}{c|c}
32\ 49 & 57 \\
25 & 107 \\
\hline
74.9 & \\
749 & \\
\hline
000 &
\end{array}
$$

Donc en RÈGLE :

Pour extraire la $\sqrt{\ }$ d'un nombre entier, 1° après avoir disposé l'opération, séparez le nombre en tranches de deux chiffres, en allant de droite à gauche, de sorte que la première, à gauche, pourra n'en contenir qu'un ; 2° extrayez d'abord la $\sqrt{\ }$ du plus grand carré contenu dans cette même tranche de gauche, vous obtenez ainsi les unités de plus haute espèce de la $\sqrt{\ }$ totale ; 3° élevez cette $\sqrt{\ }$ à son carré, et soustrayez ce carré de la première tranche à gauche ; 4° à côté du reste abaissez la tranche des deux chiffres suivants, ce qui en forme un nombre dont vous séparez le premier chiffre de droite par un point : 5° doublez la $\sqrt{\ }$ déjà écrite, et divisez les chiffres à gauche du point par le double de cette racine ; le quotient obtenu sera le chiffre suivant de la $\sqrt{\ }$ que vous écrirez à la suite de la $\sqrt{\ }$ déjà écrite ; 6° écrivez aussi ce chiffre à côté du double de la $\sqrt{\ }$, et multipliez le nombre qui en résulte par le dernier chiffre même que vous venez d'écrire à la $\sqrt{\ }$; 7° retranchez le produit du dividende, mais en y comprenant le chiffre à droite du point que vous n'aviez pas compris dans la division ; 8° abaissez encore la tranche suivante à côté du reste, et continuez votre opération comme nous venons de le dire, en doublant toujours la $\sqrt{\ }$ écrite, etc., etc.

Si le dernier reste n'est pas zéro, c'est que le nombre donné n'est pas un carré parfait, et la racine trouvée est la racine du plus grand carré contenu dans ce nombre.

Soit encore : $\sqrt{20811844}$.

TABLEAU RESUMÉ DE L'OPÉRATION.

	20 81 18 44	4562			Double de 4.	Double de 45.	Double de 456.
Premier reste....	4	85	906	9122			
	48.1						
Deuxième reste...	56						
	561.8						
Troisième reste....	182						
	1824.4						
Dernier reste.....	000						

117. En examinant le tableau ci-dessus de l'opération, et suivant la règle tracée plus haut, on se rendra compte de tout ce qui a été fait sans qu'il soit besoin de le répéter. On remarquera, 1º que les résultats ont été plus rapides en soustrayant de suite les produits de chaque dividende partiel ; 2º que, chaque fois, la racine écrite a été doublée pour servir de diviseur, et qu'à côté de ce double on a écrit le quotient trouvé pour chiffre de la racine ; 3º que chaque dividende est toujours composé du reste à côté duquel on a abaissé une tranche de deux chiffres, et que si dans la division on ne comprend pas le chiffre de droite séparé par un point, on comprend ce chiffre dans la soustraction.

118. *Scolies.* Si la tranche abaissée à côté du reste ne forme pas, quand on a séparé le premier chiffre par un point, un nombre divisible par le double de la racine déjà trouvée, il

faut avoir soin d'écrire zéro à la racine, et autant de fois qu'il en sera ainsi.

Par exemple, soit : $\overline{16016004}$

16016004	4002
00.1	8002
0016.0	
1600.4	
0000	

Le premier reste était 0, et la tranche 01 abaissée à côté de ce reste formait 001, dont la portion 00, à gauche du point ne pouvait être divisée par 8. J'ai donc écrit 0 à droite du 4. Après avoir abaissé la tranche 60 à côté de 001, ce qui formait 0016.0, le nombre 16 à gauche du point n'étant pas encore divisible par 80, double de 40, j'ai encore écrit 0 à la racine. Enfin, la tranche 04 a pu former avec 160 un nombre divisible par 800.

Les zéros étaient donc nécessaires pour tenir le rang des unités de l'ordre qui manquaient à la racine; sans eux, le 4 n'eût exprimé que des dizaines, et il n'y a que des mille qui donnent des millions à leur carré, car $1000 \times 1000 = 1000000$.

119. La racine contiendra toujours autant de chiffres que le carré contiendra de tranches de deux chiffres. En effet, si la racine n'a qu'un chiffre, le carré n'en a pas plus de deux; si la racine en a deux, le carré n'en peut avoir plus de 4, puisque le plus petit nombre de trois chiffres, qui est 100, n'en a que cinq; 1000 au carré n'en a que sept, et les nombres intermédiaires à 100 et à 1000, qui seront de trois chiffres, n'en auront que six à leur carré, et ainsi des autres, puisqu'une puissance carrée de l'unité suivie de zéros est toujours l'unité suivie d'un nombre pair de zéros et double de celui de la racine. (*Voy.* 69.)

120. Le reste d'une soustraction ne peut jamais être plus grand que le double de la $\sqrt{}$ déjà écrite augmenté de 1.

En effet, les carrés de deux nombres consécutifs diffèrent de deux fois le plus petit de ces deux nombres, plus 1. Ainsi, par exemple, 5 et 6 sont deux *nombres naturels consécutifs;* et 36 carré du plus grand égale 25 carré du plus petit, + 2 fois 5 ce plus petit, plus 1. Donc si une seule unité de différence dans la racine amène cette différence dans le carré, il est facile d'en conclure que si le reste était plus grand que la $\sqrt{}$ écrite doublée, plus 1, on devrait augmenter cette racine de 1. (*Voy.* 71 sc.)

Par exemple, soit : $\sqrt{56644}$.

$$
\begin{array}{c|c}
56644 & 22 \\
16.6 & \overline{42} \\
82 &
\end{array}
$$

Supposons qu'au lieu d'écrire 3 pour quotient de 16 divisé par 4, j'écrive seulement 2, la soustraction laisserait 82 pour reste. Comme 82 est plus grand que $(22 \times 2) + 1$, j'en conclus que le 2 est trop faible; j'écris donc 3, et je trouve 57 pour reste.

$$
\begin{array}{c|c}
56644 & 238 \\
16.6 & \overline{468} \\
374.4 & \\
000 &
\end{array}
$$

Vingt-septième Leçon.

EXTRACTION DE LA RACINE CARRÉE DES NOMBRES DÉCIMAUX.

121. Quand le nombre sera une fraction carrée, elle aura toujours un nombre pair de chiffres décimaux, et par conséquent pourra être partagée en tranches de deux chiffres. Ainsi 0,09 est un carré, 0,0144 est un carré, parce que l'un $= (0,3)$; l'autre $= (0,12)^2$; mais 0,9 n'est pas un carré, parce qu'il n'y a pas de nombre qui, multiplié par lui-même, puisse produire 0,9; de même 0,144 n'est pas un carré.

Pour extraire la $\sqrt{}$, on extraira la racine du nombre représenté par les chiffres significatifs, en ayant soin de remplacer par des zéros à la $\sqrt{}$ les ordres d'unités qui pourraient manquer.

Ainsi $\sqrt{0,0036} = 0,06$.

Car il n'y a que des centièmes qui puissent donner des dixmillièmes à leur carré.

Si on a $\sqrt{0,00000256}$, on cherche d'abord la $\sqrt{256}$, et on trouve 16; mais comme il n'y a que des dixmillièmes qui puissent donner des centmillionièmes à leur carré, j'écris $\sqrt{0,00000256} = 0,0016$.

En général, on aura toujours autant de chiffres décimaux à la racine qu'il y aura de tranches de deux chiffres au carré (n° 70).

Scolie. Quand la fraction est exprimée par un nombre impair de chiffres, on ne peut obtenir la racine que d'une manière approchée, comme nous le verrons plus loin.

122. Si le nombre proposé est fractionnaire, on extrait d'abord la racine des entiers, puis celle de la partie décimale, en abaissant successivement la tranche de deux chiffres, à partir de la virgule, et continuant l'opération comme pour les entiers; et quand on est parvenu au dernier reste, on sépare à la droite des chiffres de la $\sqrt{\ }$ autant de chiffres décimaux qu'il y avait de fois deux chiffres décimaux dans le carré proposé.

Soit $\sqrt{64,6416}$.

64,6416	8,04
06.4	
641.6	1604
0000	

L'opération se dispose à la manière habituelle; puis après avoir extrait la racine des entiers, j'ai abaissé la tranche 64, dont le premier chiffre 6 n'était pas divisible par 16, j'ai écrit zéro au quotient; la seconde tranche 16, abaissée à côté de 64, a formé un nombre divisible, et le quotient a été le troisième chiffre de la $\sqrt{\ }$. Mais ce chiffre exprime des centièmes, car 6416 représente des dixmillièmes; j'ai donc séparé à la racine deux chiffres décimaux.

EXERCICES. On trouvera par le même procédé la $\sqrt{\ }$ carrée des nombres 226,8036 ; 3989,1856 ; 0,003844.

ÉVALUATION DES RACINES CARRÉES.

123. Les nombres dont on a besoin de chercher la racine dans la pratique ne sont pas toujours des carrés parfaits comme ceux que nous venons de prendre pour modèles.

Il arrive même le plus souvent qu'on doit opérer sur des nombres irrationnels ; alors on est obligé d'évaluer leur racine approximativement ; mais, quelque grande que soit l'approximation, vous n'arriverez jamais à un nombre qui puisse être exprimé par des chiffres.

Par exemple, entre 4 et 9, carrés des nombres consécutifs 2 et 3, il y a quatre nombres 5, 6, 7, 8, dont on ne peut trouver la racine. Ainsi $\sqrt{}$ de 6 est > 2 et < 3. Cette racine est sans doute fractionnaire, car on conçoit qu'il y a quelque chose entre 2 et 3 qui, élevé à sa deuxième puissance, a dû former 6 ; mais nous n'avons pas de moyen de l'exprimer en lui donnant une forme réelle. Tout ce que l'on peut faire, c'est d'en approcher tellement près, que si l'expression n'est pas la vérité, elle lui est du moins à peu près équivalente.

Cette évaluation a beaucoup d'analogie avec l'évaluation du quotient. C'est aussi par les fractions décimales qu'elle est faite le plus souvent ; et, de même que pour les quotients, évaluer une racine carrée à moins de 0,1, 0,01, 0,001 près, c'est dire que si la racine écrite était seulement augmentée d'une unité décimale de l'ordre auquel l'évaluation aura été faite, le nombre reproduit par cette racine serait plus fort que le nombre donné.

Soit proposé de trouver la $\sqrt{}$ carrée de 21 à 0,01 près.

21 est intermédiaire à 16 et à 25, donc la partie entière de la racine sera 4 ; mais, pour que la partie fractionnaire exprime des centièmes, il faut que le carré soit converti en dixmillièmes, ce qui se fait en le multipliant par 10000, et on continue l'opération comme dans le cas d'extraction de la $\sqrt{}$ des nombres fractionnaires ; ainsi donc on dispose ainsi l'opération en écrivant à la droite du nombre autant de fois deux zéros que l'on veut de chiffres décimaux à la racine (n° 70); après le reste 5 on abaisse deux zéros, ce qui fait

210000	4,58
50.0	908
750.0	
236	

500 centièmes, qui ne peuvent avoir pour racine que des dixièmes ; on peut donc écrire de suite la virgule

après le 4 de la racine. Avec le reste 75, les deux zéros abaissés ont formé 7500, mais ce sont 7500 dixmillièmes, car des centièmes multipliés par 100 expriment des unités 100 fois plus petites. Ces dixmillièmes ne peuvent avoir pour racine que des centièmes, et en effet le 8 est au rang des centièmes.

Si on eût voulu avoir la $\sqrt{\ }$ à moins d'un millième près, on eût écrit encore deux zéros à droite des 236 dixmillièmes qui restent, et ainsi de suite.

124. Quand on cherche la racine d'une fraction dont les chiffres sont en nombre impair, on est certain d'avance que cette fraction est incommensurable. Par exemple, 0,9 n'a pas de racine carrée; 9 a bien pour $\sqrt{\ }$ 3; mais il n'y a pas de fraction décimale qui donne un seul chiffre à son carré. Alors, et dans tous les cas analogues, on multiplie la fraction par 10, et on évalue la $\sqrt{\ }$ à tel degré d'approximation qu'on le juge convenable. Nous aurons donc $\sqrt{0,90} = 0,9 +$ un reste 9 de même $\sqrt{0,016} = \sqrt{0,0160} = 0,126$ évalué à 0,1 de centième près.

$$
\begin{array}{c|l}
\text{Et } 0,0160 & 0,126 \\
06.9 & \overline{} \\
060.0 & 22 \mid 246 \\
124 &
\end{array}
$$

Vingt-huitième Leçon.

EXTRACTION DES RACINES CUBIQUES (1).

125. L'extraction d'une racine cubique s'indique en plaçant également le nombre proposé sous le signe $\sqrt{\ }$, surmonté d'un petit 3 appelé *indice*, de cette manière $\sqrt[3]{\ }$. Ainsi $\sqrt[3]{64}$ signifie qu'il faut extraire la racine cubique de 64. Le résultat trouvé donne une égalité $\sqrt[3]{64} = 4$.

---

(1) Quoiqu'on ait peu d'occasions d'extraire les racines cubiques dans les calculs ordinaires, nous en donnons les règles en peu de mots pour compléter notre système d'enseignement.

EXTRACTION DE LA $\sqrt{}$ CUBIQUE DES NOMBRES ENTIERS.

126. Tant que le cube proposé n'est pas formé de plus de trois chiffres, il est inutile de faire une opération. La mémoire suffit pour reconnaître la $\sqrt{}$ si c'est un cube parfait, puisqu'il n'y en a que dix depuis 1 jusqu'à 1000, ou pour reconnaître de suite le cube qui en approche le plus, si c'est un nombre irrationnel.

Quand on veut extraire la $\sqrt[3]{}$ d'un nombre de plus de trois chiffres, voici comment on y procède :

Soit à chercher la $\sqrt[3]{19683}$.

L'opération étant disposée comme pour l'extraction d'une racine carrée, je remarque d'abord que puisque le nombre a plus de trois chiffres, sa racine en aura au moins deux, c'est-à-dire des unités et des dizaines ; car 10, le plus petit nombre de deux chiffres, en a déjà trois à son cube, et 19683 en a cinq. Mais je dis que la racine n'aura pas plus que des dizaines, puisque si elle avait des centaines, le cube aurait au moins sept chiffres, car $100^3 = 1000000$.

Je chercherai d'abord les dizaines de la $\sqrt{}$, et ce sera dans les mille du cube dont je séparerai par un point une tranche de trois chiffres à droite, de cette manière :

$$
\begin{array}{r|l}
19\ 683 & 2 \\
11 & \\
\hline
\end{array}
$$

19 n'est point un cube, mais il contient le cube des dizaines de la $\sqrt{}$; je prends donc le plus grand cube contenu dans 19, qui est 8, dont la $\sqrt{}$ est 2 ; j'écris 2 à la place de la $\sqrt{}$, et soustrais 8 de 19 ; il reste 11.

A droite du reste j'abaisse la tranche 683, et il en résulte le nombre 11683, qui doit être formé des trois autres parties constituant le cube 19683, c'est-à-dire du triple carré des dizaines par les unités, du triple carré des unités par les dizaines, et du cube des unités (72). Or, de ces trois quantités, aucune n'est connue ; mais, puisque déjà nous avons les dizaines, il est facile d'en former le carré, et de tripler ce carré; ainsi $2^2 = 4$, et $4 \times 3 = 12$; mais ce sont 12 centaines, car le 2 de la racine représente deux dizaines, et des dizaines donnent des centaines au carré; donc, si 12 centaines sont un facteur du nombre 11683, en divisant celui-ci par 12, on trouvera les unités de la $\sqrt{}$, mais on ne divisera que les centaines; pour cela, on sépare les deux premiers chiffres de droite par un point, et le quotient de 116 par 12 sera les unités de la $\sqrt{}$:

$$\begin{array}{c|c} 19683 & 27 \\ 116.83 & \overline{12} \end{array}$$

en évaluant le quotient de 116 par 12, je trouve 7, non pas que 12 ne soit pas contenu 8 et même 9 fois dans 116; mais les reports donneraient un résultat beaucoup trop au-dessus du dividende, et je puis sans crainte diminuer mon quotient vrai de deux unités.

Maintenant que je connais le triple carré des dizaines de la racine et les unités, il m'est facile de recomposer les trois parties dont est formé 11683; en effet :

$$
\begin{array}{llll}
1^o. \ldots \ldots & 1200 \times 7 & = 8400 \\
2^o. \ldots \ldots & 7^2 \times 3 \times 20 & = 2940 \\
3^o. \ldots \ldots & 7^3 & = 343
\end{array}
$$

$$\text{Somme égale.} \ldots \ldots \quad 11683$$

qui, soustraite du reste, donne zéro pour reste; donc le nombre 19683 était un cube exact, ayant pour racine 27.

127. Dans la pratique, on simplifie l'opération en formant chaque fois le cube de la racine écrite, et en la soustrayant du cube proposé.

Soit encore : $\begin{array}{c|c} 6229504 & 1 \end{array}$

Ici la racine aura des centaines, puisque le nombre exprime des millions, et en général il y aura toujours autant de chiffres à la $\sqrt{}$ que l'on aura séparé de tranche de trois chiffres, la dernière à gauche pouvant, d'ailleurs, n'être formée que de deux, et même d'un chiffre, comme ici.

Après avoir extrait la $\sqrt{}$ de 1, le plus grand cube contenu dans la première tranche de gauche 6, je soustrais 1, cube de 1 hors de 6, et à côté du reste 5 j'abaisse la tranche 229; je sépare les deux premiers par un point et je divise par 3, triple carré de 1,

le nombre 52 à la gauche du point. Le quotient évalué ne peut être plus grand que 9, dans aucun cas; mais après avoir essayé le cube de 19, j'ai vu que ce cube était supérieur à 6231; j'ai donc écrit 8, et le cube de

6229504	18
52.29	3
5832	
397	

18 = 5832 (ici on ne peut donner aucun précepte pour l'évaluation de ce quotient). Je soustrais ce cube hors de 6229 et il reste 397; à côté de ce reste j'abaisse la tranche 504, ce qui forme 399604 dont je sépare encore les 2 premiers chiffres, puis je divise 3975 par le triple carré de 18, c'est-à-dire par 324 × 3 = 972. Le quotient vrai est 4, et formant le cube de 184, je le soustrais du cube total, et comme ces deux cubes sont égaux, j'en conclus que 184 était bien la $\sqrt{}$ cherchée.

TABLEAU RÉSUMÉ DE L'OPÉRATION.

	6229504	184		
Premier reste.	5	3	972	
	52.29			
Cube de 18. . .	5832			
Deuxième reste	397			
	3975.04			
Cube de 184. .	6229504			
Troisième reste.	0000000			

Triple carré de 1. Triple carré de 18.

5

128. *Scolies.* 1° On n'a aucun moyen de déterminer précisément le quotient des divisions partielles que l'on doit effectuer. Ainsi tout-à-l'heure le quotient de 52 par 5 semblait bien pouvoir être 9, et cependant 9 était trop fort. C'est que la combinaison du triple carré des unités par les dizaines et du cube des unités, forme un nombre trop élevé. L'habitude seule donne assez d'adresse pour éviter de recommencer trop souvent l'évaluation.

2° Remarquez que chaque nouveau chiffre obtenu à la racine est toujours considéré comme exprimant des unités relativement à ceux qui, déjà écrits, représentent pour lui des dizaines.

3° Le reste obtenu après chaque soustraction partielle faite au cube donné, ne peut jamais être plus grand que le triple carré de la racine déjà écrite, augmenté de trois fois cette racine même et de l'unité.

Pour preuve, nous nous contenterons de faire remarquer que si, dans la table des cubes, on examine deux cubes consécutifs; par exemple, 27 et 64, cubes respectifs de 3 et de 4, on voit que la différence de 64 à 27 = 37, et que 37 est bien égal à 5 fois le carré du plus petit nombre 5. . . . 27

+ 3 fois ce plus petit nombre. 9

+ L'unité. 1

Nombre égal. 37

Donc si le chiffre écrit à la racine était trop faible seulement d'une unité, la différence serait trop forte de la quantité susdite.

C'est un moyen de vérifier la justesse du chiffre écrit.

Vingt-septième Leçon.

EXTRACTION DE LA √ CUBIQUE DES NOMBRES DÉCIMAUX.

129. Si le nombre donné est une fraction, on est certain d'avance qu'elle ne peut être un cube parfait, si elle n'a pas un nombre exact de tranches de trois chiffres, car $10^3 = 1000$; $100^3 = 1000000$. (*Voy.* 73.)

On extraira la $\sqrt[3]{}$ des chiffres significatifs seulement, mais il faudra toujours avoir à la √ autant de chiffres décimaux que de tranches de trois chiffres au cube donné, ainsi :

Soit proposé de chercher la $\sqrt{}$ de 0,000027, on a d'abord 3 pour racine de 27, et par conséquent $\sqrt{0,000027} = 0,03$, car il n'y a que des centièmes qui puissent donner des millionièmes à leur 3ᵉ puissance.

130. Si le nombre proposé est fractionnaire, on extrait d'abord la racine cubique de la partie entière, et on continue l'opération en abaissant successivement les tranches de trois chiffres à partir de la virgule ; et quand on a fait la dernière soustraction, on sépare à la $\sqrt{}$ autant de chiffres décimaux qu'il y a de tranches de trois chiffres dans la partie fractionnaire du cube sur lequel on a opéré.

Ainsi on trouvera que $\sqrt{145,531576} = 5,26$; car, puisque la fraction exprime des millionièmes, la $\sqrt{}$ ne peut être que des centièmes.

On trouvera par les mêmes procédés la $\sqrt{}$ des nombres 0,000125 ; 658,503 ; 0,001 ; 130323,843.

ÉVALUATION DES RACINES CUBIQUES.

131. On a plus souvent à chercher la $\sqrt{}$ cubique d'un nombre irrationnel que celle d'un cube parfait, et de même que dans la racine carrée, quand la dernière soustraction donne un reste, la $\sqrt{}$ que l'on a extraite était celle du plus grand cube contenu dans le nombre proposé.

De même que pour la racine carrée, on les évalue approximativement au moyen des fractions décimales, mais quelque loin qu'on pousse l'approximation, jamais on n'arrive à une fraction exacte.

Supposons qu'il s'agisse d'extraire la $\sqrt[3]{}$ de 29817

$$\begin{array}{r|l} 29817 & 31 \\ 28,17 & \overline{\quad 9\quad} \\ \hline 29791 & \\ \hline 16 & \end{array}$$

Le reste 16 indique que la $\vee$ est $>$ que 31 et $<$ que 32; or il y a un nombre intermédiaire à 31 et 32 que l'on ne peut exprimer en chiffres, mais dont on peut approcher plus ou moins près. Si on veut évaluer la racine à un centième près, on écrit six zéros à la droite du reste, et en général autant de fois trois zéros qu'il y aura de chiffres décimaux à la racine évaluée. On pourrait écrire de suite ces zéros à la droite du nombre, si d'avance on savait à quelle décimale l'évaluation devra être faite.

29817000000	31,00
28.17	
29791	9 2883000
160.00	
160000.00	

Dans cet exemple l'évaluation à 1 centième près n'est pas suffisante; chaque dividende est toujours trop faible pour être divisé par le triple carré de la $\vee$, et à chaque division on a eu soin d'écrire zéro à la $\vee$. On serait arrivé à un chiffre significatif en poussant plus loin l'évaluation.

152. *Scolie.* Si on proposait d'extraire la racine cubique d'une fraction décimale n'ayant que deux, ou quatre, ou cinq chiffres, ou, enfin, une suite de chiffres qui ne puisse pas être partagée en tranches de trois, on peut d'avance affirmer qu'il n'y aura pas de racine exacte, puisqu'une fraction décimale élevée à son cube donnera toujours un nombre partageable en tranches de trois chiffres. Par exemple, s'il fallait trouver la racine cubique de 0,64, on ne la trouverait pas; 64 est bien le cube de 4, mais 0,4 n'est pas la $\sqrt[3]{}$ de 0,64. Alors on convertit 0,64 en millièmes, en multipliant par 10, ce qui n'en change pas la valeur, il vient alors $\sqrt[3]{0,640} = 0,8$ plus un reste 128 que l'on multiplierait par 1000 ou par 1000000, etc., selon que l'on voudrait avoir une approximation à 1 dixième ou à 1 centième; mais ce seraient des dixièmes ou des centièmes de dixième, puisque le 8 de la racine exprime déjà des dixièmes.

Trentième Leçon.

DES PREUVES.

133. On nomme *preuve* une *contre-opération*, c'est-à-dire une opération nouvelle qui a pour but d'assurer l'exactitude d'une première opération.

On conçoit qu'une telle preuve peut n'être pas elle-même exempte d'erreur, et que si elle ne procure pas le résultat désiré, on peut attribuer à la première opération la faute qui appartient à la seconde. De même il serait possible que la faute commise dans la deuxième opération ne fût pas de nature à faire découvrir celle de la première : enfin toutes deux, indépendamment l'une de l'autre, pourraient paraître exactes, et cependant l'opération principale pourrait être fausse.

Cependant il est quelquefois essentiel de se prouver une opération; et, malgré ce que je viens de dire, il est probable que la preuve fera reconnaître qu'on aura commis une erreur; elle ne fera pas connaître la faute elle-même, mais elle obligera à la chercher.

La plupart des preuves se font par leurs opérations contraires. Ainsi *l'addition* sert de preuve à *la soustraction,* et réciproquement; *la division* sert de preuve à *la multiplication,* et réciproquement. *La formation des puissances* à *l'extraction des racines.*

PREUVE DE L'ADDITION.

134. On a additionné les nombres $708,208 + 49,56 + 0,8764 + 224,92 + 6276,079$, et on a trouvé pour somme $7259,6234$.

$$708,208$$
$$\overline{49,56}$$
$$0,8764$$
$$224,92$$
$$6276,079$$

7259,6434	première somme.
6551,4354	deuxième somme.
708,2080	preuve.

Pour la preuve, on sépare le premier nombre par un trait horizontal, on additionne les autres, et l'on écrit la somme sous la première ; puis on soustrait cette deuxième somme de la première, et si la première opération a été juste, la différence est égale au nombre retranché.

(Ce pourrait être tout autre que le premier, mais il est plus commode de prendre le premier.)

Ce procédé est fondé sur le principe, que, si à un tout on retranche une de ses parties, le reste est égal au tout, moins la partie retranchée.

PREUVE DE LA SOUSTRACTION.

135. On a comparé les deux nombres 7194 et 815,014, et on a trouvé pour différence 6378,986.

$$
\begin{array}{r}
7194 \\
815,014 \\
\hline
6378,986 \quad \text{différence.} \\
\hline
7194,000 \quad \text{somme égale.}
\end{array}
$$

En additionnant le plus petit nombre avec la différence, on retrouvera le plus grand nombre.

Car le reste était égal au plus grand nombre diminué du plus petit.

PREUVE DE LA MULTIPLICATION ET DE LA DIVISION.

136. Le produit de $37,8 \times 0,58 = 21,924$.

Or, en divisant un produit par un de ses facteurs, on retrouve l'autre (voy. 79) ; donc en divisant 21,924 par 0,58, on retrouve 37,8, ou bien en divisant par 37,8 on retrouve 0,58.

Réciproquement :

137. La multiplication du diviseur par le quotient reproduira le dividende. Car le dividende est un produit dont on connaît les deux facteurs quand le quotient a été trouvé.

Ainsi $\dfrac{2106}{0,9} = 2340$.

Donc $2340 \times 0,9 = 2106$.

Scolie. Cependant, si le nombre divisé n'est pas un multiple exact du diviseur, il faut avoir soin d'ajouter le reste de la division au produit de la multiplication du quotient par le diviseur.

Ainsi $\dfrac{782}{6} = 130 +$ un reste 2.

Or, $130 \times 6 = 180$, nombre qui diffère de 182 d'une quantité égale au reste de la division. En effet, 6 est le facteur du plus grand multiple contenu dans 182 ; il faut donc ajouter la différence pour retrouver le dividende.

PREUVE DES PUISSANCES ET DE L'EXTRACTION DES RACINES.

138. Un carré étant la multiplication d'un nombre par lui-même, on pourrait diviser le carré par la racine, et on retrouverait cette racine elle-même au quotient.

De même en divisant un cube par sa racine, et le quotient par cette racine, on retrouverait un second quotient égal à cette racine même. Mais on conçoit que pour se prouver ainsi l'exactitude d'une puissance, il faut en connaître la racine.

Quand on a extrait une racine, c'est la formation seule de la puissance qui sert de preuve à l'opération. Si le nombre donné était incommensurable, la racine extraite n'étant que la racine du plus grand carré ou du plus grand cube contenu dans le nombre proposé, il faut avoir soin d'ajouter le reste à la puissance reproduite par la preuve.

Par exemple : $\sqrt{369} = 19 +$ un reste 8.

Or, $19^2 = 19 \times 19 = 361$.

361 est donc le plus grand carré contenu dans 369 et la différence 8 doit être ajoutée au carré pour reproduire 369.

Trente-unième Leçon.

CALCUL DES NOMBRES CONCRETS DÉCIMAUX.

SYSTÈME MÉTRIQUE.

139. Les nombres concrets décimaux, dont le calcul est fondé sur la théorie arithmétique des nombres abstraits de même sorte, sont généralement désignés sous le nom de *mesures*.

Une mesure est un objet pris par convention, comme unité ou terme de comparaison pour former des grandeurs ou des collections d'unités de même espèce.

Mesurer une chose, c'est donc la comparer avec l'unité de même nature qu'elle.

Pour les besoins les plus ordinaires de la vie, on peut avoir à mesurer : 1° *la longueur* ou *distance* : 2° *la surface* ou *superficie* ; 3° *le volume* ou *solidité* ; 4° *le poids* ; 5° *la contenance* ou *capacité* ; 6° *le prix* ou *valeur d'appréciation* ; 7° *la durée* ou *temps*.

140. L'ensemble de toutes les mesures adoptées dans un état, ou seulement dans une province de cet état, compose *un système de mesures* (car système signifie *assemblage* ou *ensemble*). Mais pour constituer réellement un système, il faut que ces mesures aient toutes un point de départ commun, c'est-à-dire une grandeur première avec laquelle elles soient toutes dans une relation plus ou moins directe et facile à retrouver par le raisonnement ou le calcul.

Les mesures nouvelles, adoptées en France depuis 1789, ont pour base commune l'une d'entre elles, appelée MÈTRE, et c'est pour cela qu'on appelle *système métrique* l'ensemble de ces mesures, dont l'usage est le seul reconnu par la loi.

141. Pour donner au système métrique une base immuable, on l'a évaluée sur le globe terrestre lui-même. À l'aide des calculs géométriques et astronomiques les plus rigoureux que la science pût employer, Delambre et

Méchin déterminèrent la grandeur de l'arc du méridien qui traverse la France en passant sur Paris; MM. Biot et Arago continuèrent cette vaste opération, depuis Barcelone jusqu'à l'île de *Formentera*, et on a conclu la distance du pôle terrestre à l'équateur.

C'est cette distance qui est vraiment l'unité primitive, de sorte que la mesure de longueur sert d'élément aux autres mesures.

On a d'abord divisé le quart du méridien en 100 parties égales qu'on appelle *degrés décimaux*. Le degré décimal est une mesure géographique.

En divisant par 10 chaque *degré géographique*, on obtient une *mesure itinéraire*, égale à la millième partie du *quart du méridien*.

La dixième partie de cette mesure, ou la centième du degré est encore une autre mesure itinéraire dix fois plus petite que la précédente, elle est appelée *mille géographique*; elle est en même temps la dixmillième du quart du méridien.

La centmillième n'est pas usitée.

La millionième est une mesure propre à évaluer de petites longueurs.

La dixmillionième forme une longueur facile à représenter, d'un usage commode, et à laquelle on a donné le nom de *mètre*. — C'est l'unité des mesures de longueur.

En le divisant par 10 on obtient les subdivisions décimales du mètre, qui n'ont pas besoin d'être poussées au delà de la troisième, au moins pour l'usage pratique; car par le calcul on peut évaluer des grandeurs bien au-dessous du millième de mètre.

TABLEAU DE L'ORIGINE DU MÈTRE.

Distance du pôle à l'équateur. QUART DU MÉRIDIEN TERRESTRE.
1 centième de distance . . . DEGRÉ DÉCIMAL.
1 millième de distance . . . MESURE ITINÉRAIRE.
1 dixmillième de distance. . MILLE GÉOGRAPHIQUE.
1 centmillième de distance. MESURE NON USITÉE.
1 millionième de distance. . CHAÎNE D'ARPENTEUR.
1 dixmillionième de distance. MÈTRE, — étalon de toutes les mesures.

5.

142. Une fois la base admise et reconnue, on a voulu que les mesures qui en dérivent fussent, comme sa génération, conformes à notre système de numération décimale, dans leurs composés, et dans leurs subdivisions. Pour cela, on a d'abord choisi dans chaque classe de mesure, celle qui, plus facile à manier que les autres, présenterait plus d'avantages pour l'usage habituel, et on lui a donné un nom. Ainsi on a appelé *mètre*, une mesure de longueur dont les marchands, fabricants, constructeurs peuvent se servir pour évaluer des longueurs; on a nommé *gramme* un petit poids auquel les autres poids pourraient être comparés, etc.

Après avoir adopté l'étalon de chacune des mesures, on a voulu que les noms de compositions et des subdivisions de l'unité principale, tout en exprimant leur rapport décimal avec elle, ne fussent pas trop multipliés, et pour cela on a choisi des mots distinctifs qui, ajoutés au sien, pussent convenir à toutes également. Quatre mots augmentatifs :

MYRIA. KILO. HECTO. DÉCA.

signifiant 10000 1000 100 10

et quatre mots diminutifs :

DÉCI. CENTI. MILLI. DÉCIMILLI.

signifiant 0,1 0,01 0,001 0,0001

En tout, huit mots ont suffi pour établir toute la NOMENCLATURE DU SYSTÈME.

Ainsi, par exemple, en ajoutant le mot *mètre*, que nous connaissons déjà, à chacun de ces huit mots, on formera le tableau suivant :

NOMS DES MESURES.	VALEUR NUMÉRIQUE.	
Myria	10000	mètres.
Kilo	1000	id.
Hecto	100	id.
Déca	10	id.
mètre	1	id.
Déci	0,1	id.
Centi	0,01	id.
Milli	0,001	id.
Décimilli	0,0001	id.

143. *Scolie.* Non-seulement les mots *décamètre*, *décimè-tre*, etc., indiquent le rapport qui existe entre ces grandeurs et la grandeur qui sert d'unité principale, mais encore ils indiquent un objet réel; et en substituant au mot *mètre* le nom d'une autre unité de mesure, on aura toutes les autres mesures décimales métriques dont on peut faire usage.

Trente-deuxième Leçon.

ARTICLE Ier.— MESURES DE LONGUEUR.

144. *La longueur* est la dimension des corps la plus facile à reconnaître. Elle se mesure en tirant une ligne droite qui joint les deux points extrèmes dont on veut évaluer la distance, et en reportant sur cette ligne la longueur prise comme terme de comparaison.

La largeur d'un corps n'est autre chose que la longueur prise dans un autre sens; elle se mesure comme elle.

Le MÈTRE est l'unité des mesures de longueur.

Toutes les compositions du mètre sont usitées; elles servent principalement à évaluer les grandes distances, telles que celles d'un lieu ou d'une ville à une autre, en prenant dans chacune un point de départ; et pour cette raison on les nomme *mesures itinéraires.*

Si, après avoir mesuré la distance d'un clocher à un autre, on a trouvé une longueur de 23476 *mètres*, on pourrait dire que leur distance est de 2 *myriamètres*, 3 *kilomètres*, 4 *hectomètres*, 7 *décamètres*, 6 *mètres*; en effet, en décomposant le nombre, on a :

$$20000 \text{ mètres} = 2 \text{ myria} = 2 \times 10000$$
$$3000 \qquad\quad = 3 \text{ kilo} = 3 \times 1000$$
$$400 \qquad\quad = 4 \text{ hecto} = 4 \times 100$$
$$70 \qquad\quad = 7 \text{ déca} = 7 \times 10$$
$$6 \qquad\quad = \qquad\quad 6 \times 1.$$

Mais il est plus simple de compter par myriamètres et fractions décimales, soit : 2,3476 *myriamètres*, c'est-à-dire 2 *myriamètres* et 3476 *dixmillièmes de myria-mètre*....., et le dixmillième de myriamètre est le *mètre*.

Si on voulait compter par *kilomètres*, on écrirait :
23,476 *kilomètres*, c'est-à-dire, 23 *kilomètres*, 476 *millièmes de hilomètre*, on ne compte presque jamais par *hectomètres*.

Le *kilomètre* et le *myriamètre* sont donc les seules mesures itinéraires en usage. On compte par kilomètres quand on parle de petites distances qui ne vont pas jusqu'aux centaines de kilomètres. 1 kilomètre correspond à peu près *à un quart de lieue de poste ancienne*.

Le *myriamètre* est égal à deux lieues un quart anciennes. C'est aujourd'hui *une poste*.

Voici comment s'établit ce rapport : La circonférence de la terre ou le méridien est partagée en 360 parties égales appelées *degrés* (1). Chaque degré est lui-même partagé en 25 parties égales appelées *lieues ;* donc la circonférence de la terre représentée en lieues est égale à 360 × 25 = 9000 lieues.

$$\text{Donc le quart du méridien} = \frac{9000}{4} = 2250 \text{ lieues.}$$

Mais ce quart de méridien aujourd'hui = 10000000 mètres ; donc 10000000 mètres = 2250 lieues ; ou bien réduisant les mètres en myriamètres en divisant par 10000, on aura :
1000 myriamètres = 2250 lieues. Puis divisant de part et d'autre par 1000, on a : 1,000 myriamètres = 2,250 lieues ; ou bien 1 myriamètre = 2,25, ou 2 lieues 1 quart, car 0,25 est le quart de 100 centièmes ou de 1.

Le *décamètre* est une mesure figurée sous forme de chaîne, qui prend aujourd'hui le nom de *perche métrique*. Elle a, comme son nom l'indique, une longueur de dix mètres, et sert à mesurer la longueur et la surface des terrains.

Le *mètre* sert à mesurer les draps, les cordages, etc. Quand il ne s'agit que de mesures commerciales, les multiples du mètre se comptent par dizaines et par cen-

_____

(1) Cette division est même encore conservée dans les ouvrages de géographie.

taines, on dit 400 mètres de toile et non pas 4 hectomètres de toile.

Les subdivisions ou fractions décimales du mètre, employées à la mesure de petites longueurs, sont désignées par le nom de *mesures linéaires*.

Ainsi ou compte par *décimètres,* par *centimètres* et par *millimètres*. Cette dernière ainsi que ses fractions est surtout en usage dans le dessin des plans, en architecture, etc.

On donne à l'instrument qui représente le mètre la forme d'une longue règle en bois ou en métal.

NUMÉRATION DES MESURES DE LONGUEUR.

145. Les expressions fractionnaires de longueurs métriques se représentent en écrivant d'abord le nombre entier qui exprime les unités principales, puis à la droite, la fraction décimale, séparée par une vigule, et suivie du nom de l'unité principale.

Ainsi l'expression 72,024 *mètres*, signifie 72 mètres, 24 millimètres.

En écrivant 720,24 *décimètres,* on exprimerait la même longueur, le nom seul de l'unité principale serait changé. La fraction 24 représente des centièmes de décimètre, et un centième de décimètre est bien un millimètre.

Par conséquent toutes les expressions suivantes expriment la même longueur totale.

	Qui se notent ainsi :
9,3046185 myriamètres.	9,3046185 Myr. M.
93,046185 kilomètres.	93,046185 K. M.
930,46185 hectomètres.	930,46185 H. M.
9304,6185 décamètres	9304,6185 Déca. M.
93046,185 mètres.	93046,185 M.
930461,85 décimètres.	930461,85 D. M.
9304618,5 centimètres	9304618,5 C. M.
93046185 millimètres	93046185 M. M.

On voit que, de même que dans la numération des nombres abstraits, c'est le déplacement seul de la virgule qui change la dénomination de la longueur donnée, mais que la valeur numérique reste la même; car si, d'une part, la virgule en avançant à droite rend le nombre 10 fois plus fort que le précédent; d'autre part, le nom désigne une espèce d'unité dix fois plus faible, et il y a compensation.

146. En reculant la virgule vers la gauche, le nom de l'unité exprimerait des mesures décuples de la précédente, à mesure que l'expression deviendrait dix fois plus petite.

On comprend aussi que pour convertir un certain nombre d'unités entières en un ordre d'unités 10, 100,... fois plus faible, il faut écrire à la droite de un, deux, ou plusieurs zéros; ainsi pour convertir 84 hectomètres en mètres, on écrira 8400 mètres. On multiplie par 100, mais on désigne les grandeurs par le nom d'une unité 100 fois plus petite, il y a donc compensation. De même 28 kilo M. = 28000 M. = 2800000 centi M.

Trente-troisième Leçon.

ARTICLE II. — MESURES DE SUPERFICIE.

147. *La superficie* a deux dimensions, la longueur et la largeur; mais la largeur n'est en réalité que de la longueur, prise dans un autre sens, de sorte que *mesurer la superficie* n'est, à bien prendre que mesurer *de la longueur.*

Toutes les mesures de superficie se ramènent à une surface carrée, d'un *mètre de côté.* Donc :

LE MÈTRE CARRÉ est l'unité des mesures de superficie. Il n'y a pas d'instrument qui représente le *mètre carré*, comme il y en a pour représenter le mètre de longueur.

148. Pour mesurer une surface, on trace d'abord d'équerre l'une à l'autre, deux lignes droites, qui côtoient l'une la plus grande dimension de la surface, l'autre la plus petite, et on porte ensuite le long de chaque ligne l'unité linéaire prise comme terme de comparaison ou

comme mesure; et en multipliant le nombre de fois que cette unité a été ajoutée à elle-même dans la première ligne, par le nombre de fois qu'elle est contenue dans l'autre, le produit obtenu donne la surface carrée.

En effet, soit la ligne A B égale à un décimètre prise pour côté du carré A B C D; par les points de division 1, 2, 3.... dont les espaces sont des centimètres, menons des droites qui aboutissent aux points correspondants de la droite C D, nous formerons dix bandes, de forme *rectangulaire*: chacun de ces *rectangles* aura dix centimètres de long sur un centimètre de large, et sera *un dixième de décimètre carré*. On voit qu'un dixième de décimètre carré n'est point une mesure carrée.

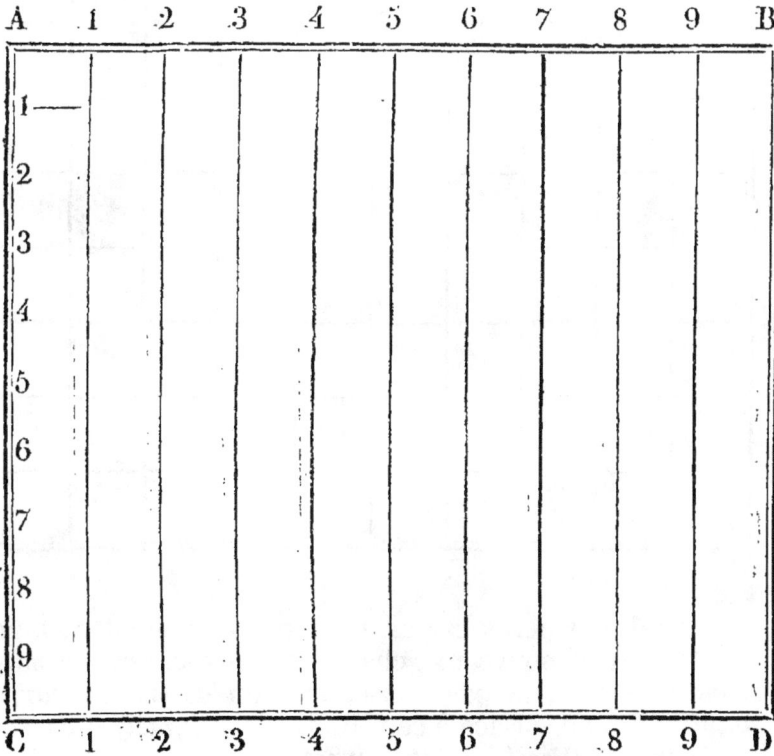

Si par les points de division de la ligne A C, égale à A D, on mène aussi des droites aux points de division correspondants de la ligne **B D**, on formera dix autres bandes rectangulaires qui couperont les dix autres, et formeront ainsi cent carrés chacun d'un centimètre de côté ; donc un *décimètre carré* est égal à une surface de 100 *centimètres carrés*.

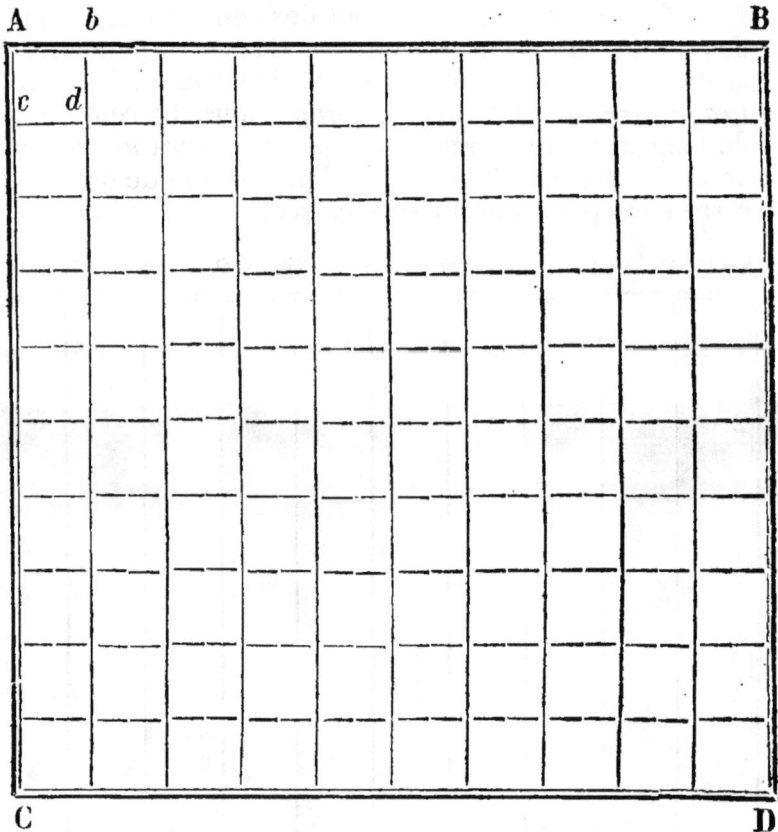

A   *b*   B

c   *d*

C   D

L'un de ces petits carrés, tel que **A** *b c d*, étant partagé en 100 carrés nouveaux, chacun de ceux-ci sera un *millimètre carré*, et par conséquent un *décimètre carré* équivaudra en surface à cent fois cent *millimètres carrés* ou bien 10000 *millimètres carrés*.

Or, en supposant que la ligne **A B** est égale à un mètre, la surface **A B C D** sera un mètre carré, chaque carré égal à **A** *b c d* sera un décimètre carré, partagé lui-même en

100 centimètres carrés, le centi M. carré, en 100 milli M. carrés, d'où résulte que :

1 mètre carré = 100 décimètres carrés, = 10000 centimètres carrés, = 1000000 millimètres carrés.

Scolie. C'est toujours une mesure carrée qui sert à l'évaluation des surfaces. Si la surface que l'on mesure n'a pas la forme d'un carré, cette mesure se ramène à un rapport établi avec l'unité carrée, contenue un certain nombre de fois dans la surface donnée. Par exemple, si une dimension égale 5 mètres et l'autre 4 mètres, la surface = $4 \times 5 = 20$ mètres carrés.

Si les deux dimensions étaient, par exemple, 38 et 82, la surface serait $37 \times 28 = 1036$ mètres carrés.

149. Ce nombre de 1036 M. Q. (1) pourrait aussi s'énoncer : 10 déca M. Q., 36 M. Q., ou simplement 10, 36 déca M. Q., parce qu'en effet un carré d'un décamètre de côté a 100 mètres de superficie, et 10 carrés égaux à celui-là $= 10 \times 100 = 1000$ mètres carrés ; donc 1036 M. Q. $= 1000$ M. Q. ou 10 déca M. Q. $+ 36$ M. Q.

Or, il est une observation importante à faire ici ; c'est que le mètre carré, de même que ses multiples et ses sous-multiples, ne conserve pas avec eux les rapports de numération que leur nom semble indiquer. Les rapports du mètre carré au décimètre carré sont de 1 à 100 ; du mètre carré au centimètre carré, de 1 à 10000, etc., et en général, cette numération est fondée sur celle des carrés numériques.

Il est important de bien se pénétrer de cette remarque. Ainsi, soit l'expression 38,4 M. Q., le 4 ne signifie pas *quatre décimètres carrés*, mais seulement 4 dixièmes de mètres carrés ; or, nous avons vu plus haut que cette surface serait un rectangle de 1 mètre de long sur 4 décimètres de largeur. Pour qu'il exprimât des décimètres carrés, il faudrait écrire 38,04 M. Q. et en effet le 4 re-

---

(1) Les notations M. Q., déca M. Q., centi M. Q., milli M. Q., s'emploient pour désigner des surfaces métriques carrées. La lettre Q est distinctive de la marque des mesures cubiques qui sont les mêmes, en substituant la lettre C à la lettre Q.

présente bien des centièmes de mètre carré, et un centième de mètre carré est bien un décimètre carré.

Par conséquent, un nombre fractionnaire de mètres
carrés étant donné, tels que 168,0765 M. Q., on peut le
convertir en *décimètres* ou *centimètres carrés* en reculant la virgule de deux en deux rangs vers la droite, et
il viendra :

16807,65 *décimètres carrés.*
1680765 *centimètres carrés.*

De même, une surface carrée étant donnée, pour la
convertir en carrés d'une plus petite espèce, il faudra
multiplier l'expression écrite par un certain nombre de
fois 100, selon la mesure demandée. Ainsi par exemple,
13 M. Q. convertis en déci M. Q. $= 13 \times 100 = 1300$
déci M. Q. en centimètres Q. $= 130000$, etc.

Tant qu'il n'est question que de surfaces ordinaires
telles que celles des murs, de menuiseries, etc., on ne
compte guère que par mètres carrés et leurs sous-multiples; mais quand il s'agit des terrains, les multiples du
M. Q. prennent d'autres noms.

MESURES AGRAIRES.

150. L'unité des mesures agraires est un *décamètre
carré* qui a reçu le nom d'ARE; et le mètre carré qui en
est la centième partie prend le nom de *centiare.* On ne
compte pas au-dessous des centiares, parce qu'une surface
de terrain, plus petite qu'un centiare, ne vaudrait pas la
peine d'être évaluée.

L'are a reçu le nom *de perche métrique.* Les multiples
de l'are sont tous des mesures carrées; par conséquent
on ne compte pas par *décare,* car le décare ou surface de
10 ares serait un rectangle de 100 mètres de long sur
10 mètres de large.

L'hectare est une surface de 100 ares $= 10000$ mètres carrés, puisque c'est un carré de un hectomètre de
côté, et que $100 \times 100 = 10000$. Il a pris le nom *d'arpent métrique.*

Le kilare n'est pas usité puisque 1000 n'est pas un
carré.

Le myriare pourrait servir dans l'évaluation de vastes plaines; il a une surface de $1000 \times 1000 = 1000000$ M.Q.

NUMÉRATION DES MESURES CARRÉES.

151. Soit à exprimer en chiffres le nombre 576 mille 289 mètres carrés, 28 millimètres carrés.

J'écrirai 576289,000028, M. Q. en ayant soin d'écrire autant de tranches de deux zéros qu'il manque d'unités fractionnaires décimales carrées.

Si, négligeant la fraction, on considère le nombre entier comme exprimant la surface d'un terrain, on pourra convertir les 576289 M. Q. en ares, en écrivant 5762,89 ares, c'est-à-dire 5762 ares 89 centiares.

En hectares, on aurait 57,6289 hectares, et en effet des dixmillièmes d'hectares sont bien des centiares.

On voit que la dénomination seule a changé, mais que la valeur réelle reste la même.

Trente-quatrième Leçon.

ARTICLE III. — MESURES DE VOLUME OU SOLIDITÉ.

152. *Le volume* d'un corps est la place que ce corps occupe dans l'espace.

Pour mesurer ce volume, il faut le comparer, autant qu'il est possible, à un autre volume de dimension et de forme connues, et ramener le corps que l'on mesure à être un multiple ou un sous-multiple de ce volume pris comme terme de comparaison. Et de même que la figure carrée est celle qu'on a choisie pour type du calcul des surfaces, de même la forme cubique a été prise comme type du calcul des volumes. C'est en effet la forme dont il est le plus facile de se faire une juste idée, et à laquelle nos moyens de mesure sont le mieux applicables; elle a d'ailleurs l'avantage de ramener le volume à trois dimensions linéaires, dont le calcul est en harmonie avec celui des nombres cubiques.

153. *Un corps cubique* ou simplement *un cube* est un corps terminé par six faces carrées toutes égales, comparable à un dé à jouer dont la forme est connue de tout le monde.

Si on suppose chacune des faces égale à un 'mètre carré, le corps a le volume d'un MÈTRE CUBE, et c'est le mètre cube qui est l'unité des mesures de volume.

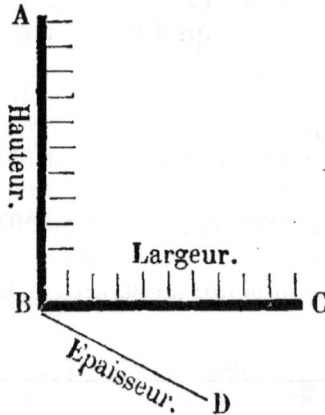

Soient les trois lignes AB, BC, BD, concourant toutes en un même point B, toutes trois égales à un mètre, et représentant les trois dimensions d'un corps : *hauteur, largeur, épaisseur.* En multipliant les trois dimensions les unes par les autres, on aura $1 \times 1 \times 1 = 1$ mètre cube pour volume du corps dont ces trois lignes termineraient les surfaces contiguës.

Si on partage la hauteur AB en dix parties égales et que l'on fasse passer 9 coupes horizontales dans le sens de largeur BC, on formera ainsi dix morceaux d'un mètre de surface, et d'un décimètre de hauteur : chaque morceau sera un *dixième de mètre cube*, mais ne sera pas un cube, ce sera un *parallélipipède.*

Si, laissant ces 10 carreaux empilés les uns sur les autres, on fait passer dans le sens de la hauteur 9 autres traits de scie qui partagent la largeur BC en 10 parties égales, on déterminera 100 nouveaux corps de *forme prismatique,* ayant un mètre de long sur un décimètre de large et autant d'épaisseur, ce ne seront point encore des cubes, et 100 n'est pas non plus un nombre cubique.

Enfin, si laissant en un même faisceau cubique ces 100 prismes rectangulaires, on fait passer 9 autres traits de scie, dans le sens de l'épaisseur BD, le corps sera partagé en 1000 petits corps tous égaux, ayant un décimètre carré sur leurs six faces, et qui par conséquent seront autant de *décimètres cubes*. Donc 1 mètre cube = 1000 décimètres cubes, et le nombre 1000 est aussi le cube de 10.

Cela posé, si nous faisons subir à un décimètre cube les mêmes opérations qu'au mètre cube, nous le verrons égal à 1000 centimètres cubes; de même nous trouverons le centimètre cube égal à 1000 millimètres cubes, et nous formerons le tableau suivant.

1 M. C. = 1000 Déci M. C.
1 Déci M. C. = 1000 centi M. C. :
Donc 1 M. C. = 1000 × 1000 = 1000000 centi M. C.
1 Centi M. C. = 1000 milli M. C.
Donc : 1 Déci M. C. = 1000 × 1000 = 1000000 milli M. C.
Donc enfin : 1 M. C. = 1000 × 1000 × 1000 = 1 billion de millimètres cubes, c'est-à-dire de petits corps cubiques à six faces carrées toutes égales d'un millimètre de côté.

On évalue le volume des corps en décimètres, en centimètres et en millimètres cubes. Les multiples du mètre cube ne sont pas en usage, parce que le plus simple aurait déjà un volume de 1000 mètres cubes, et qu'on a rarement des masses aussi considérables à évaluer.

154. Le mètre cube et ses fractions servent à mesurer le volume des pierres, du bois en grume, des travaux de terrassements, etc.

Cuber un corps, c'est en évaluer le volume comparativement à un cube de dimension déterminée.

Si les dimensions du corps que l'on mesure ne sont pas toutes égales, on évalue les fractions décimales de l'unité de mesure de même que cette unité.

Supposons qu'on ait trouvé pour longueur . . 3,75 mètres.
pour hauteur. . . 2,80   *id.*
pour épaisseur . . 0,76   *id.*

Il viendra pour volume 3,75 × 2,80 × 0,76 = 7,980000 M. C.

Le corps n'est pas cubique, mais l'unité mètre cube y est contenue 7 fois, plus 980000 millionièmes de fois, ou simplement 7 fois 980 millièmes de fois; et, comme le millième d'un mètre cube est un décimètre cube; 980 représente 980 décimètres cubes.

NUMÉRATION DES MESURES CUBIQUES.

155. Elle se fait d'après les principes déjà donnés pour les nombres abstraits cubiques, par exemple :

76 mètres cubes, 3 millions 612 mille 308 billionièmes de mètre cube, s'écriront :

76,003912308 M. C. Le 8 est au rang des billionièmes, et par conséquent exprime des millimètres cubes; donc la fraction exprime des millimètres cubes.

Ce même nombre pourrait encore s'énoncer en disant :

76 mètres cubes, 3 décimètres cubes, 612 centimètres cubes, 308 millimètres cubes.

Le même volume exprimé en décimètres cubes, et fractions de décimètre cube donnerait 76003,612308, déci. M. C.

En centimètres cubes, 76003612,308 centi M. C.

Enfin en millimètres cubes, on supprimerait la virgule et on aurait : 76003612308 MM. C.

Le volume reste toujours le même, la dénomination ou la notation seule est changée.

Remarquez que les fractions décimales de l'entier s'expriment par tranches de trois chiffres.

Si on avait l'expression 8,4 M. C., le 4 représenterait des dixièmes de mètre cube, ce ne serait pas une mesure cubique. On la rendrait cubique en écrivant 8,400, sans rien changer à sa valeur réelle, puisque 400 millièmes = 4 dixièmes, ou bien encore parce que un dixième de de mètre cube égale 100 millièmes de mètre cube.

8,04 ne serait pas non plus une mesure cubique, mais le deviendrait en écrivant 8,040.

DU STÈRE.

156. Quand le bois de chauffage est coupé par morceaux ou *bûches* d'un mètre de long, et qu'on les empile dans un châssis ou *portant* de 1 mètre de haut sur 1 mètre de large, on en forme une masse cubique de six faces égales d'un mètre carré, qu'on appelle *stère*.

Les multiples cubiques du stère ne sont pas usités, on compte par dizaines et par centaines de stère ; on ne fait pas non plus usage des sous-multiples de cette mesure. Les premiers sont trop volumineux, les autres le sont trop peu. *Le décistère* par lequel on compte dans le mesurage de charpente, n'est pas une mesure cubique ; c'est un dixième de stère, comme *le décastère* est un volume égal à 10 stères. C'est par abus de mots qu'on emploie ces deux expressions.

Trente-cinquième Leçon.

ARTICLE IV. — MESURES DE CAPACITÉ.

157. On entend par *capacité*, la propriété qu'un corps creux a de pouvoir contenir un autre corps.

Figurez-vous que cinq faces d'un décimètre cube aient été exactement revêtues d'une enveloppe métallique, et que le cube solide ait été enlevé, il vous restera un vase exactement *capable* d'un décimètre cube.

Mais par un calcul géométrique, on a ramené la forme cubique à la forme cylindrique plus commode pour les usages du commerce, et on lui a donné le nom de *litre*, or :

158. Le LITRE est l'unité des mesures de capacité.

Il a une *contenance d'un décimètre cube*, c'est-à-dire que si, par exemple, le liquide que l'on y verse venait à se geler, le volume du morceau de glace serait celui d'un *décimètre cube*.

Les mesures de capacité sont donc en rapport avec le mètre, base du système, par le volume ; en effet :

Un Déci M. C. est le millième d'un M. C. et contient lui-même 10000 centi M. C. ; donc :

Un M. cube a une capacité de 1000 litres, ou bien = 1 *kilolitre*.

Un déci M. C. a une capacité de 1000 millièmes de litre ou 1000 millilitres.

Delà résulte la série suivante pour la comparaison

des mesures de capacité avec les mesures de solidité décimales.

Capacité.		Volume.		
1 MILLILITRE.	= 1	Centi M. C.		
1 CENTILITRE.	= 10	Centi M. C.		
1 DÉCILITRE.	= 100	Centi M. C.		
1 LITRE.	= 1000	Centi M. C.	= 1 déci M.C.	
1 DÉCALITRE.	= 10	Déci M. C.		
1 HECTOLITRE.	= 100	Déci M. C.		
1 KILOLITRE.	= 1000	Déci M. C.	= 1 Mètre cube.	

On voit que toutes les mesures décimales sont usitées, mais que le *litre*, le *kilolitre* et le *millilitre* sont les seules cubiques.

Les principaux objets que l'on mesure par la capacité, sont les liquides, les poussières et les graines.

§ I. — MESURE POUR LES GRAINES ET LES POUDRES.

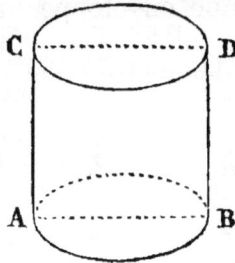

159. Quelle que soit la matière dont la mesure soit faite, soit le chêne, le noyer ou la tôle, le diamètre AB du cercle qui sert de base au cylindre est toujours égal à la hauteur AC de ce cylindre, voici les dimensions légales de ces mesures.

Mesures.	Hauteur et diamètre en millimètres.	
HECTOLITRE.	503,1	millimètres.
Demi-hectolitre.	399,3	id.
Double décalitre.	294,2	id.
DÉCALITRE.	233,5	id.
Demi-décalitre.	185,3	id.
Double litre.	136,6	id.
LITRE.	108,4	id.
Demi-litre.	86,0	id.
Double demi-litre.	63,4	id.
DÉCILITRE.	50,3	id.

§ II. — MESURES POUR LES LIQUIDES (1).

160. Exécutées en étain, en fer-blanc, et quelquefois en faïence, elles doivent avoir aussi la forme d'un cylindre dont la hauteur est double du diamètre du cercle qui sert de base.

Mesure.	Diamètre.	Hauteur.
	En millimètre.	En millimètre.
Double décalitre.	233,5	467,0
DÉCALITRE.	185,3	370,6
Demi-décalitre.	147,1	294,2
Double-litre.	108,4	216,7
LITRE.	86,0	172,0
Demi-litre.	68,3	136,6
Double décilitre.	50,3	100,6
DÉCILITRE.	39,9	79,9
Demi-décilitre.	31,7	63,4
Double centilitre. . . .	23,4	46,7
CENTILITRE.	18,5	37,1

NUMÉRATION DES MESURES DE CAPACITÉ.

Comme toutes les divisions et compositions décimales du litre sont en usage, on compte ces mesures comme les mesures de longueur; on oublie le volume pour ne considérer que les fractions ou les multiples de l'unité principale, qui sont tous dans le rapport de 1 à 10, avec leur contiguë; ainsi :

----

(1) La dimension des mesures décimales, c'est-à-dire du *décalitre*, *litre*, *décilitre*, *centilitre*, sont les plus essentielles à retenir dans la mémoire.

6

L'expression 2075,739 litres, signifie 2075 litres 739 millilitres, et se note en écrivant :

	2075,739 L.
En décalitre. . . .	2 ,7,5739 D. L.
En hectolitre. . . .	20,75739 H. L.
En kilolitre.	2,075 39 K. L.
En décilitre.	20757,39 Déci L.
En centilitre. . . .	207573,9 Centi L.

La numération est donc la même que celle des longueurs. La capacité donnée reste la même, la dénomination seule est changée selon la position de la virgule.

Trente-sixième Leçon.

ARTICLE V. — MESURES DE PESANTEUR.

161. Dans l'usage habituel, ce n'est pas *la pesanteur*, mais bien *le poids* des corps que l'on mesure.

Le poids est l'effort que fait un corps pour tomber en obéissant à sa pesanteur.

Mesurer le poids d'un corps, c'est comparer l'effort qu'il fait pour tomber avec l'effort que fait un autre corps que l'on a pris comme terme de comparaison.

Le poids du volume d'un centimètre cube d'eau distillée, est l'unité principale des mesures de poids. On lui donne le nom de GRAMME. Imaginez un centimètre cube d'abord rempli d'eau, puis l'eau dégagée de son enveloppe, il vous reste un volume dont le poids est *le gramme*.

On prend l'eau comme terme de comparaison, parce que ce corps liquide se trouve partout; il faut qu'elle soit distillée, c'est-à-dire réduite à son plus grand état de pureté; car de l'eau salée, ou contenant des matières terreuses serait plus lourde à volume égal; il faut encore que cette eau soit prise à un certain degré de température, et le terme choisi est celui où elle est près de passer à l'état de glace, c'est-à-dire à 4 degrés environ au-dessus du zéro du thermomètre centigrade ; cet état est appelé *le maximum de densité de l'eau* ; enfin il faut que le poids soit évalué sous le vide.

Toutes ces précautions étaient indispensables pour obtenir un étalon parfait, et comme le volume du centimètre était trop petit pour que les expériences fussent exactes, on a opéré sur un volume 1000 fois plus grand, c'est-à-dire sur le décimètre cube.

162. Donc : LE GRAMME, unité des mesures de pesanteur, est le poids d'un centimètre cube d'eau distillée prise à son maximum de densité, et pesée sous le vide.

Le gramme se rattache donc au mètre, non pas immédiatement comme l'are, mais médiatement par le volume, car le poids est par lui-même indépendant de toute dimension.

Les multiples et les sous-multiples décimaux du gramme sont tous usités ; et chacun d'eux correspond à un volume déterminé ; en voici le tableau :

Poids.	*Volumes.*
Milligramme.	Un millimètre cube d'eau.
Centigramme.	10 milli M. C.
Décigramme.	100 milli M. C.
Gramme.	1000 milli M. C. ou 1 centi M. C.
Décagramme.	10 centi M. C. ou 1 centilitre.
L'hectogramm. est le poids de.	100 centi M. C. ou 1 décilitre.
Le kilogramme de. . .	1000 centi M. C. ou 1 litre.
Le myriagramme de. .	1 décalitre.

Le QUINTAL métrique ou poids de 20 myriagrammes ou de 100 kilogrammes est le poids d'un hectolitre.

Le MILLIER (1000 kilogrammes) est le poids d'un mètre cube ou 100 décimètres cubes.

Toutes les valeurs de ce tableau supposent le vase rempli d'eau distillée, donc :

Quand on connaît la capacité d'un vase, on peut en conclure le poids de l'eau, et réciproquement quand on connaît le poids de l'eau contenue dans un vase, on en peut déduire la capacité en litres et fractions de litre.

NUMÉRATION DES POIDS MÉTRIQUES.

163. Tous les multiples et les sous-multiples du litre étant dans le rapport immédiat de 1 à 10, le résultat d'une pesée pourra s'énoncer de plusieurs manières.

Ainsi :   1728   grammes peuvent s'énoncer
              172,8 décagrammes.
Ou bien,   17,28 hectogrammes.
Ou bien,   1,728 kilogrammes.
Ou bien,   1728   myriagrammes.

Numération en tout conforme à celle du mètre et de ses composés.

Trente-septième Leçon.

ARTICLE VI. — MESURES D'APPRÉCIATION OU MONNAIES.

164. *Apprécier une chose*, c'est, par suite d'autres comparaisons d'abord établies, en comparer le prix ou la valeur réelle avec une autre valeur conventionnelle, qui est ordinairement une pièce d'un métal précieux.

Les monnaies sont avec raison rangées au nombre des mesures, puisqu'elles servent de commune mesure à toutes choses, même à ce qui paraît le moins susceptible d'*enchère* ou de *prisée*.

L'unité de mesure monétaire est une pièce d'argent du poids de 5 grammes, composée de 45 décigrammes d'argent pur allié à 5 décigrammes de cuivre, appelée

FRANC. Dans toute monnaie de France, l'argent fin est ainsi dans la proportion de 0,9 à 0,1 d'alliage ; c'est ce rapport du cuivre à l'argent que l'on nomme *le titre légal*.

Une somme d'argent monnayé contient donc toujours son dixième d'alliage, et pour avoir l'argent fin, il suffira de multiplier le montant de cette somme par 0,9 ; ainsi par exemple : 7284 fr. offrent une valeur réelle en argent de $7284 \times 0,9 = 6555,6$.

En soustrayant l'argent pur de la somme, il reste en alliage, $7284 - 6555,6 = 728,4$.

Et en effet, $6555,6 + 728,4 = 7284$.

165. Les mesures monétaires se lient au mètre par le rapport indirect de la pesanteur, car toutes les fractions et les multiples du franc sont des fractions ou des multiples du poids de 5 grammes.

Les sous-multiples décimaux sont des pièces de cuivre, le *déci-franc* appelé *décime*, et le *centi-franc*, appelé *centime*. Il y a aussi des sous-multiples non décimaux en argent.

Ce sont :

Le *quart de franc*, pesant 1,25 grammes.
Le *demi-franc*,   pesant 2,50 grammes.

Les multiples sont :

Le *double-franc*,   pesant 10   grammes.
La *pièce de 5 francs*, pesant 25   grammes.

Au delà, les pièces d'argent eussent été trop lourdes, et on a substitué l'or à l'argent.

Les pièces d'or sont alliées au même titre que les pièces d'argent. Il y a des pièces de 20 fr. pesant 6,452 grammes et ayant 21 milli. M. de diamètre.

Des pièces de 40 fr. pesant 12,904 grammes, et de 26 milli. M. de diamètre.

Des pièces de 80 francs, pesant 25,807 gramm.
Des pièces de 100 francs, pesant 32,260 gramm.

Les valeurs pondérables de monnaies peuvent se déduire du tableau suivant :

En cuivre,	En argent,	En or,
1 Kilogr. = 5 f.	200 f.	3100 f.

Et, par une simple multiplication, on aura la valeur d'un poids quelconque d'argent monnayé, en kilogrammes. Réciproquement, étant connu le poids d'une somme de 100 fr. représentés par des pièces de l'un des trois métaux, il sera facile d'en conclure la valeur monétaire d'un poids plus ou moins grand ; en voici le tableau :

En cuivre,	En argent,	En or,
100 fr. = 20 kilogr.	50 hect.	32,26 gram.

NUMÉRATION DES MONNAIES.

166. Elle ne diffère en rien de celle des mesures de longueur, mais on n'énonce jamais d'autre unité principale que le *franc*. On ne compte pas non plus par *décimes* (excepté dans les postes) ; on compte par centimes ; ainsi, on n'écrit pas 72 fr. 8, on écrit 72,80 fr. et on prononce 72 francs, 80 centimes. Dans le commerce on écrit ainsi :.... fr. 72.80.

On ne néglige pas non plus les dixièmes et les centièmes de centime ; car, quoique ces valeurs soient idéales et n'aient pas de représentation monétaire, il est pourtant important d'en tenir compte dans les calculs de finance.

Trente-huitième Leçon.

ARTICLE VII. — MESURES DE TEMPS OU DE DURÉE.

167. Sans essayer de dire ici ce qu'est *le temps*, qu'il est plus facile de concevoir que de définir, nous dirons que *mesurer le temps*, c'est en comparer un intervalle à un autre intervalle, appréciable à l'aide de mouvements réguliers, successifs et non interrompus.

Le mouvement régulier de la terre autour du soleil est lui-même le type de toutes ces mesures, car dans une révolution sur son axe, le globe terrestre vient présenter au soleil qui l'éclaire le même point qu'il présentait d'abord. Ce retour apparent du soleil au même point de la terre constitue *un jour*; et quand, dans sa course autour du soleil, la terre revient au point de son départ, elle a présenté 365 fois le même point à cet astre; elle a accompli *une année*.

LE JOUR est l'unité principale des mesures de temps.

L'ANNÉE est une durée de 365 jours, 5 heures, 48 minutes 51 secondes, 6.

Le jour est partagé en 24 parties égales appelées *heures*.

L'heure en 60 *minutes* et la minute en 60 *secondes*.

L'année se partage aussi en 12 mois de 30 ou 31 jours, et cette manière de partager le temps remonte, en France et pour une partie de l'Europe, au temps du pape Grégoire XIII, qui fit réformer les erreurs du calendrier. Voilà pourquoi celui d'après lequel nous comptons le temps, s'appelle *Calendrier Grégorien.*

N. B. A l'époque où le système métrique fut décrété en France, on voulut asservir le partage de la *durée* aux subdivisions décimales comme les autres objets commensurables; ainsi les jours étaient de 20 heures, les mois de 30 jours; la semaine était une *décade*, etc. Mais comme de tels changements eussent nécessité le concours volontaire des autres peuples de l'Europe, inutile pour l'adoption des autres mesures, on fut obligé de revenir aux anciennes divisions.

Et nous ne les avons énoncées que pour compléter par elles les mesures que l'arithmétique doit calculer (1).

AVANTAGES DU SYSTÈME MÉTRIQUE.

168. Les détails dans lesquels nous sommes entrés en exposant tout le système, ont déjà dû faire concevoir les nombreux avantages qui s'y rattachent. Voici les principaux :

1° La simplicité de la nomenclature qui donne aux mesures une dénomination uniforme, indiquant à la fois le nom de chacune avec son rapport à l'unité principale.

2° Chaque mesure est en même temps le nom d'un objet. Ainsi quand on parle du *décimètre*, de *l'hecto-litre*, non-seulement le mot rappelle la relation de la mesure avec l'unité, mais aussi l'idée d'un objet que l'esprit apprécie avec certitude.

3° La numération des mesures est conforme à notre système de numération décimale, de sorte que les calculs s'effectuent avec la même rapidité que celui des nombres abstraits; car le simple déplacement d'une virgule et l'addition de quelques zéros suffiront pour passer d'un ordre de mesure à un autre.

4° Enfin, l'introduction des nouvelles mesures a mis fin aux nombreux abus qu'entraînait après lui l'usage des mesures anciennes, variable dans chaque province du même empire, et presque d'une commune à une autre.

---

(1) Les démonstrations des mesures devront toujours être faites en ayant sous les yeux des modèles en bois, ou en métal La vue des objets en facilite beaucoup l'intelligence et les grave mieux dans la mémoire.

Trente-neuvième Leçon.

APPLICATION DES PRINCIPES DE LA THÉORIE.

Pour s'assurer que chaque partie de la théorie aura été bien comprise par les élèves, il faut que chacun d'eux soit exercé, verbalement et par écrit, à des applications particulières de principes généraux, en exigeant des développements conformes à la théorie précédente.

MODÈLE DES DEVOIRS.

Le maître a dicté la question suivante :

Cherchez les quotients :

$$1° \text{ de } \frac{704,0064}{0,16}$$

$$2° \text{ de } \frac{704006,4}{0,0016}$$

$$3° \text{ de } \frac{7040064}{0,16}$$

$$4° \text{ de } \frac{7040,064}{16.}$$

Et raisonnez vos réponses.

COPIE DE L'ÉLÈVE.

$$1^{er} \text{ cas, } \frac{704,0064}{0,16}$$

Après avoir opéré sur les deux termes comme s'ils représentaient des entiers, j'ai obtenu un quotient exact 440004, mais ce n'est pas là le quotient vrai, et d'après la règle, je dois avoir 4400,04 car le dividende ayant quatre chiffres décimaux et le diviseur deux, le quotient doit exprimer aussi des CENTIÈMES, puisque

6.

les centièmes de ce quotient, multipliés par ceux du diviseur reproduiront les dix millièmes du DIVIDENDE.

D'ailleurs, en divisant un nombre dix-mille fois plus fort que le nombre donné, le quotient était dix-mille fois trop fort, ce n'était donc pas 440004, mais bien 44,0004; d'autre part, en divisant par 16 je divisais par un nombre cent fois trop fort, et le quotient 44.0004 serait 100 fois trop petit, donc il faut le multiplier par 100, ce que je fais en reculant la virgule de deux rangs à droite de cette manière, il vient :

$$\frac{704,0064}{0,16} = 4400,04$$

$$2^e \text{ cas}, \quad \frac{704006,4}{0,0016}$$

Cette division proposée ne diffère de la précedente que par l'espèce de fraction, et en ne considérant que les chiffres significatifs qui sont les mêmes, le quotient serait le même, 440004. Mais d'après la règle, je dois avoir 440004000. c'est-à-dire autant de zéros à la droite qu'il y a de chiffres décimaux de plus au diviseur qu'au dividende. En effet, si le quotient 440004 était 10 fois trop fort relativement au dividende qui exprimait des dixièmes, je devais d'abord avoir 44000,4; mais ce dernier quotient est lui même dix-mille fois trop faible, car j'ai divisé par un diviseur 10 mille fois plus grand que le diviseur donné; donc pour rendre 44000,4 dix-mille fois plus grand, je supprime d'abord la virgule, ce qui le multiplie par 10, et ensuite j'écris trois zéros à la droite, ce qui le multiplie par 1000, et je trouve ainsi que :

$$\frac{704006,4}{0,0016} = 440004000.$$

(Le reste serait rédigé dans le même sens.)

AUTRE APPLICATION DE THÉORIE.

QUESTIONS. Quelle est la racine carrée de 268324 ? Quelles sont les observations principales que vous avez à faire sur l'opération que nécessite la recherche de cette racine?

Que deviendrait votre racine si le nombre donné était divisé par 100, par 10000, par 1000000?

COPIE DE L'ÉLÈVE.

Puisqu'il ne s'agit pas de décrire le procédé opératoire, je dirai seulement que $\sqrt{} = 518$. *Voici quelle a été mon opération.*

26 83 24	518
18.3	
822.4	101|1028
0000	

Je remarque 1° que 25 étant le plus grand carré contenu dans 26, le premier chiffre de la racine ne peut être < 5;

2° *Puisque 26 représente 26 dizaines de mille, 5 représente des centaines, car il n'y a que* 100 × 100 *qui puisse donner* 10000.

3° *Que par conséquent ma racine sera intermédiaire à 500 et à 600....; et sans exposer ici les raisons qui font doubler chaque fois la racine écrite.* (*Voy.* 116.)

Je remarquerai encore : 4° Que, quand j'ai doublé la racine 51, j'ai considéré 51 comme exprimant 51 dizaines, relativement au chiffre suivant que je cherche, et que, quelque nombreux que soient ces chiffres de la racine, à quelque ordre qu'ils doivent appartenir quand toute la racine aura été trouvée, ce sont toujours des dizaines, au moment où l'on opère sur eux, eu égard au chiffre que l'on va écrire après la division (1).

Si le nombre donné était divisé par 100, la $\sqrt{}$ *serait* 51,8; *s'il eût été divisé par 10000, elle eût été 5,18; enfin la* $\sqrt{}$ *serait 0,518, si le nombre donné eût été* 0,268324 (2). (*V.* 121, 122.)

---

(1) On voit que les remarques pourraient être plus nombreuses et plus développées; nous voulons seulement indiquer le mode d'application des principes auxquels les élèves doivent être exercés.

(2) Il est bon d'habituer les élèves à tenir des cahiers rédigés; mais ces cahiers ne devront contenir que les développements donnés par le maître, ou les observations qu'il aura faites, soit en théorie, soit sur les problèmes.

APPLICATIONS D'ARITHMÉTIQUE
AU CALCUL DES NOMBRES CONCRETS DÉCIMAUX.

DES PROBLÈMES.

169. Toutes les questions que l'on peut avoir à résoudre sur les grandeurs arithmétiques se rédigent sous la forme d'une proposition que l'on appelle *problème*.

La réponse ou *la solution* d'un problème s'obtient à l'aide de deux opérations de l'entendement : *l'analyse et la synthèse*.

L'analyse consiste à décomposer tous les éléments de la proposition en autant de propositions secondaires ; à comparer ceux qui ont entre eux de la ressemblance et de l'analogie pour connaître le rapport qui les unit.

La synthèse est l'opération contraire ; elle réunit ce que l'analyse a séparé ; elle donne l'indication des calculs nécessaires et les traduit à l'aide d'une sorte de phrase toute chiffrée que l'on nomme *formule*.

$$\text{Ainsi } \frac{(3 \times 4) + 5}{74 - 34} = \text{X}.$$

est UNE FORMULE, c'est-à-dire l'expression d'un calcul à faire. X est le signe par lequel se désigne le résultat que l'on doit obtenir.

L'analyse doit toujours précéder la synthèse ; cette marche est la marche même de l'esprit. Procéder autrement c'est s'exposer à n'aller qu'au hasard dans l'emploi des opérations de calcul, et s'interdire tout progrès à l'avenir. Il s'agit beaucoup moins de savoir si on parviendra à tel ou tel résultat par telle ou telle opération, que de connaître les raisons pour lesquelles on peut arriver à ce résultat par cette opération même.

La synthèse une fois rédigée en formule, la solution peut être considérée comme achevée ; car il n'y a plus qu'à effectuer les calculs qu'elle indique, d'après les principes donnés.

Souvent même on raisonne sur des formules partielles comme si le résultat en était connu ; et c'est ici surtout que l'emploi des signes abrège et facilite beaucoup les raisonnements, puisque l'on n'est pas obligé d'en interrompre la suite pour chercher un résultat partiel avant d'aller plus loin. Nous allons appliquer ces préceptes à des problèmes gradués.

1er PROBLÈME. — Un négociant a cinq paiements à faire : le premier de 1708 francs 28 centimes; le deuxième de 4792 fr. 06 c.; le troisième de 3000 fr. 00 c.; le quatrième de 714 fr. 95 c.; le cinquième de 810 fr. 70 c. Quelle somme doit-il compter ?

La somme à payer se compose évidemment du total des paiements additionnés ensemble ; d'où la formule :

$$1708,28 + 4792,06 + 3000 + 714,95 + 810,70 = x ;$$

Et l'on trouve $x =$

2e PROBLÈME. — Le propriétaire d'un champ de 2,57 hectares, achète trois portions de terrain contiguës au sien ; la première de 23,78 ares ; la deuxième de 8,95 ares ; la troisième de 1,33 hectares. Il les réunit en une seule pièce de terre. Quelle en sera la superficie ?

La superficie de chacune des trois pièces de terre ajoutée à celle dont le particulier est déjà propriétaire, composera un seul tout qui sera la surface du nouveau champ ; d'où la formule :

$$\overset{\text{H}}{2,57} + \overset{\text{A}}{23,78} + \overset{\text{A}}{8,95} + \overset{\text{H}}{1,33} =$$

En réduisant en ares : $257 + 2378 + 895 + 133 = x.$

Donc $x =$

3e PROBLÈME. — Une caisse pleine pèse 175,76 kilogrammes; vide, elle ne pèse que 63,84 hectogrammes. Quel est le poids de la marchandise contenue dans cette caisse ?

La caisse vide doit peser moins que quand elle est pleine ; donc la différence entre les deux poids doit donner celui de la marchandise ; d'où la formule :

$$\overset{\text{K.G.}}{175,76} - \overset{\text{H.G.}}{63,84} =$$

$$\overset{\text{G.}}{175760} - \overset{\text{G.}}{6384} = x.$$

Et $x =$

4ᵉ PROBLÈME. — La chaleur fait allonger les barres métalliques ; le froid les raccourcit.

A la température de la glace fondante, une tringle de cuivre est longue de 2,065 mètres ; à la température de l'eau bouillante, elle est longue de 2,0693. De combien s'est-elle allongée ?

D'après le principe de physique énoncé d'abord, on conçoit que la différence entre ces deux longueurs est l'allongement produit par l'augmentation de calorique ; d'où la formule :

$$\overset{\text{M}}{2{,}0693} - \overset{\text{M}}{2{,}065} = x.$$

D'où x =

5ᵉ PROBLÈME. — On vend 1,25 fr. le litre, une liqueur que l on a achetée 90 fr. l'hectolitre. Quel bénéfice fait-on sur le décalitre et sur le litre ?

Le bénéfice fait sur un objet n'est autre chose que la différence entre le prix d'achat de cet objet et le prix de sa vente. Cela posé :

Puisque l'hectolitre coûte 90 fr., un litre coûte 0 fr. 90 c. ;

Et, puisqu'on vend ce litre 1 fr. 25 c., on gagne donc 1,25 — 0,90.

Donc sur un décalitre on gagnera (1,25 — 0,90) × 10 = x.

Et x =

Scolie. Remarquez ici quelle facilité offrent pour le calcul les mesures métriques.

6ᵉ PROBLÈME. — Un rentier qui a 6250 fr. de revenu par an, dépense 12 fr., l'un dans l'autre, par jour. Combien aura-t-il économisé au bout de 15 années ?

Si le rentier dépense 12 fr. par jour, en un an il dépense 365 fois 12 fr., car l'année égale 365 jours ; d'où la première formule 365 × 12.

Mais s'il fait une économie en une année, ce doit être la différence de son revenu avec sa dépense ; d'où la deuxième formule 6250 — (365 × 12).

Et au bout de 15 années il aura économisé :

$$[\,6250 - (365 \times 12)\,] \times 15 = x.$$

Et x =

Scolie. Ici nous avons une formule composée. Pour obtenir la valeur de x, cherchez d'abord le produit de 360 × 12 ; puis soustrayez-le de 6250. Les grands crochets [ ] indiquent que les formules qui y sont contenues étant exécutées, le résultat devra être multiplié par le facteur 15 écrit en dehors.

7e PROBLÈME. — **On** a payé 350 fr. à une troupe d'ouvriers, et chacun d'eux a reçu 10 fr. pour son compte. **De** combien d'ouvriers se composait cette troupe ?

Si on connaissait ce nombre d'ouvriers, en répétant 10 fr. autant de fois qu'il y aurait d'unités dans ce nombre, c'est-à-dire en les multipliant l'un par l'autre, on retrouverait la somme 350. 350 est donc un produit dont 10 est le facteur connu ; donc en divisant le produit 350 par 10, on trouve le facteur inconnu, et on a $\dfrac{350}{10} = x$.

D'où $x =$

8e PROBLÈME. — Combien aurait-on d'aunes métriques d'une certaine étoffe pour une somme de 1583,78 fr., quand on paie le mètre 12,20 fr.?

L'aune métrique $= \overset{\text{M}}{1},\overset{\text{N}}{20} = 1,2$.

Donc elle surpasse de 0,2 la longueur du mètre ; par conséquent le prix de l'aune métrique d'une même étoffe doit être de 0,2 en sus du prix du mètre. Or, le prix du mètre étant 12,20, le prix de l'aune $= 12$ fr. 20 c. $+ 2,24$. Cela posé, c'est le prix de l'aune qui, multiplié par le nombre d'aunes inconnu, a formé le produit 1583,70.

D'où la formule : $\dfrac{1583,70}{(12,20 + 2,44)} = \dfrac{1539,70}{14,64} = x$.

Et $x =$

9e PROBLÈME. — Il faudrait ajouter 1 décimètre cube et 22 centimètres cubes à un corps pour qu'il eût un mètre cube de volume. Quel est donc son volume ?

Le volume réel du corps ne peut être autre que la différence d'un mètre cube à 1,022 décimètres cubes, puisqu'il n'y a que cette différence qui puisse, quand elle sera ajoutée au volume réel, reproduire 1 mètre cube.

D'où 1 M. C. — 1,022 Déci M. C., et convertissant tout en centimètres cubes, pour rendre la soustraction possible,

Centi M. C.

On a : $1000000 - 1022 = x$.

Et $x =$

10ᵉ PROBLÈME. — Une marchande vend des oranges 1, 80 fr. la douzaine; dans une journée elle a vendu 95 oranges. Combien a-t-elle reçu?

Si 95 était un multiple de 12, on aurait le nombre de douzaines d'oranges vendues, en divisant 95 par 12; et en multipliant ce nombre par 1 fr. 80 c., prix d'une douzaine, on aurait la somme reçue. Mais 95 n'étant pas divisible par 12, je raisonne autrement :

A 1 fr. 80 c. la douzaine, 1 orange doit coûter le douzième de 1 fr. 80, ou bien $\dfrac{1,80}{12} = 0,15$.

Donc 95 oranges coûteront $0,15 \times 95 = x$.
Et $x =$

11ᵉ PROBLÈME. — Pour 95 oranges qu'elle a vendues, une marchande a reçu 14 fr. 25 c. Combien les a-t-elle vendues la douzaine?

Une orange a été vendue $\dfrac{14,25}{95} = 0,15$.

Donc la douzaine a été vendue $0,15 \times 12 = x$.
D'où $x =$

Scolie. La théorie des fractions ordinaires nous fera connaître des formules encore plus rapides.

12ᵉ PROBLÈME. — Dans une grande fabrique, on emploie des hommes, des femmes et des enfants. Les hommes gagnent 16 fr. 50 c. par semaine, les femmes 10 fr. 50 c., et les enfants 4 fr. 50 c.

La dépense d'un mois, pendant lequel chaque ouvrier a travaillé 24 jours, se monte à 25470 fr., dont les hommes ont reçu 18480, et les enfants 1530.

Quel est le nombre d'hommes, de femmes et d'enfants employés dans cette fabrique, et combien chacun d'eux gagne-t-il par jour?

La semaine de travail est de 6 jours;

donc, en un jour, les hommes gagnent $\dfrac{16,50}{6} = 2,75$;

les femmes gagnent $\dfrac{10,50}{6} = 1,75$;

les enfants gagnent $\dfrac{4,50}{6} = 0,75$.

Donc ; en 24 jours, un homme gagne 2,75 × 24 ;
une femme gagne 1,75 × 24 ;
un enfant gagne 0,75 × 24.

Or, si tous les hommes ont reçu 18480 francs, il y avait un

$$\text{nombre d'hommes} = \frac{18480}{2,75 \times 24}.$$

Par la même raison, le nombre d'enfants $= \dfrac{1530}{0,75 \times 24}.$

Et, comme les femmes ont reçu la différence entre la somme totale payée par l'entrepreneur et les deux sommes payées aux hommes et aux enfants, c'est-à-dire 25470 — (18480 + 1530), il résulte que le nombre des femmes est égal à :

$$\frac{25470 - (18480 + 1530)}{(1,75 \times 24)}$$

13ᵉ PROBLÈME. — On a partagé 2500 fr. entre un certain nombre d'individus, de telle manière que chacun d'eux a eu autant de francs qu'ils étaient de personnes.

Combien y avait-il de personnes et quelle somme a eue chacune d'elles ?

Si le nombre de personnes était connu, on connaîtrait aussi la somme reçue par chacune d'elles, puisque ces deux nombres sont égaux ; mais ce sont les deux facteurs de 2500.

Donc 2500 est un carré.

Et on a : $\sqrt{2500} = x.$

Et x =

14ᵉ PROBLÈME. — Une pièce de terre est deux fois plus longue que large ; sa largeur est de 123 décamètres. Quelle serait sa surface en hectares, ares et centiares, si elle était carrée, c'est-à-dire aussi large que longue ?

La largeur étant 123 M., la longueur est de 123 × 2, et la surface carrée $= (123 \times 2)^2.$

Mais $(123 \times 2)^2 =$ une surface en mètres carrés qu'il est facile de convertir en ares et en hectares.

Donc x = en hectares....., etc.

15ᵉ PROBLÈME. — Quelqu'un veut avoir un jardin

d'une surface de 58564 M. Q. Quelle longueur doit avoir chaque mur de clôture?

$$\sqrt{58564} = x.$$

x est la longueur d'un des murs, et par conséquent celle des trois autres; car ce mur est égal lui-même à la longueur du côté du carré que doit représenter le jardin.

16ᵉ PROBLÈME. — Un jardinier veut faire un carré de tulipes; pour cela il plante ses ognons à une égale distance, tant en longueur qu'en largeur. La première fois, il lui manque 12 ognons pour compléter son carré. La seconde fois, il en met un de moins sur chaque sens et il lui en reste 27. Combien a-t-il d'ognons?

Avec 12 ognons de plus, le carré eût été fait, et alors en retranchant 1 à la racine de ce carré, il lui serait resté un nombre égal au double de cette racine — 1. (*Voy.* Scol. 70.)

Or, après avoir retranché 1, il lui reste 27; donc 27 + les 12 qui lui manquaient pour faire son carré la première fois = 39. Donc 39 est égal au double de la racine — 1; 40 sera ainsi le double de la racine, et 20 cette racine.

Par conséquent le jardinier a $20^2 - 12$.

Ou bien. . . . . $19^2 + 27$.

D'où $20^2 - 12 = 19^2 + 27 = x$.

Et x =

17ᵉ PROBLÈME. — Un ouvrier veut construire un vase de forme cubique, dont la capacité soit de **800** litres. Quel sera le côté ou la hauteur de ce vase?

Un litre ayant le volume d'un décimètre cube, 800 litres auront un volume de 800 décimètres cubes; et, puisqu'un vase de la capacité de 100 décimètres aurait une hauteur

$$= \sqrt[3]{1000} = 10 \text{ décimètres} = 1 \text{ mètre};$$ un vase de 800 décimètres cubes ou de 800 litres, aura une hauteur de

$$\sqrt[3]{800} = 9{,}27 \text{ décimètres à moins de } 1 \text{ centième de décimètre, ou d'un décimillimètre.}$$

FIN DE LA PREMIÈRE PARTIE.

DEUXIÈME PARTIE.

Première Leçon.

DES FRACTIONS.

170. Les fractions décimales 0,1..... 0,03.....
0,012....., etc., sont des expressions qui représentent
les nombres 1, 3, 12, comme divisés par 10 ou des
multiples de 10;

de sorte que,   0,1.... 0,03.... 0,012.... etc.

pourraient s'écrire, $\dfrac{1}{10}$ $\dfrac{3}{100}$ $\dfrac{12}{1000}$

Cela posé, on conçoit que tout autre nombre que 10
pourrait être le diviseur de l'unité, et que l'expression
nouvelle de cette division à faire serait aussi celle d'une
fraction ; donc :

Une fraction est l'expression numérique d'une ou de
plusieurs parties de l'unité divisée en un certain nombre
de parties égales; ainsi les nombres $\frac{1}{2}$, $\frac{3}{4}$, $\frac{5}{7}$, $\frac{15}{16}$, sont des
fractions.

Comme l'expression d'une division, une fraction se
compose de deux termes; celui qui tient la place du dividende s'appelle *numérateur;* celui qui tient la place du
diviseur s'appelle *dénominateur;* on les sépare aussi par
un trait horizontal (1).

Pour énoncer verbalement une fraction écrite, on appelle d'abord le numérateur comme un nombre abstrait,
et après lui, le dénominateur suivi de la terminaison
ième, ainsi :

La fraction $\frac{7}{8}$ s'énonce *sept huitièmes;*

La fraction $\frac{15}{76}$..... *quinze soixante-seizièmes ;*

il n'y a d'exceptés que les dénominateurs 2, 3 et 4; on
ne compte pas par *deuxièmes*, *troisièmes*, *quatrièmes*,

(1) Il faut laisser aux écritures du commerce les notations 1/2, 5/8,
3/6.... La notation arithmétique est seule admise comme plus facile
pour les opérations, et comme conservant mieux la trace d'origine de
la fraction.

comme on compte par *sixièmes, vingtièmes,* etc. ; mais on compte par *demies, tiers et quarts.*

On voit que chacune des parties en lesquelles l'unité est divisée devient elle-même une nouvelle unité, dont la numération est fort simple.

171. Le dénominateur est un véritable diviseur, et le numérateur un véritable dividende. Car soit tout autre nombre que 1 qu'il faille diviser par un autre, mais plus grand que lui, par exemple soit 3 à diviser par 7, le quotient sera $\frac{3}{7}$. Pour le prouver, partageons chaque unité dont se compose 3 en sept parties, on aura alors 21 parties qui seront bien divisibles par 7, et $\frac{21}{7} = 3$; mais ce sont 3 unités *de septièmes,* c'est-à-dire 3 unités d'un ordre sept fois plus petit que trois entiers, et c'est ce qu'indique l'expression écrite $\frac{3}{7}$.

Une fraction est donc un véritable quotient; $\frac{3}{7}$ est le quotient de 3 divisé par 7, comme 0,1 est le quotient de 1 divisé par 10, comme 0,005 est le quotient de 5 divisé par 1000.

Le dénominateur d'une fraction indique en combien de parties l'unité a été partagée, et le numérateur exprime combien on prend de ces parties. Ainsi cette fraction $\frac{3}{7}$ indique aussi 3 parties de l'unité partagée en 7 parties égales.

Plus le numérateur d'une fraction est près d'égaler le dénominateur, plus la fraction se rapproche de l'unité. En effet, si l'unité a été partagée en 7 parties, la somme des parties sera égale au tout, donc l'expression $\frac{7}{7} = 1$; donc de $\frac{6}{7}$ à 1, il n'y a de différence qu'une *unité de septième.*

Pour exprimer l'unité en fraction d'une certaine espèce, il faudra donner à l'expression un numérateur égal au dénominateur de la fraction proposée; ainsi pour exprimer 1 en 29$_{es}$, on écrira $\frac{29}{29}$, etc.

172. De ce qui précède résultent quatre PRINCIPES :

1° Une fraction augmente quand on ajoute à son numérateur sans rien changer à son dénominateur.

$$\text{Ainsi } \frac{5}{8} < \frac{5+1}{8} \text{ ou } \frac{6}{8}.$$

Car l'entier reste partagé en 8 parties, en *huitièmes*, mais on en prend un de plus.

2° Une fraction diminue quand on retranche à son numérateur sans toucher au dénominateur.

Ainsi $\dfrac{5}{8} > \dfrac{5-2}{8}$ ou bien $\dfrac{1}{8}$.

3° Une fraction augmente quand on retranche au dénominateur sans toucher au numérateur.

On a donc $\dfrac{5}{7} < \dfrac{5}{7-1}$ ou bien $\dfrac{5}{6}$.

Car la première exprimait cinq parties de l'unité partagée en sept parties, tandis que la seconde exprime cinq unités de sixièmes ; et si deux grandeurs égales sont partagées chacune en un nombre différent de parties, ces parties seront plus grandes dans celle qui en aura le moins.

4° Une fraction diminue quand on ajoute au dénominateur sans toucher au numérateur.

Par exemple, $\dfrac{5}{8} > \dfrac{5}{8+2}$ ou bien $\dfrac{5}{10}$.

Car d'abord l'unité n'était partagée qu'en 8 parties, maintenant elle l'est en 10, et on ne prend pas plus des unes que des autres ; donc la seconde expression doit être la plus petite.

Corollaire. Par conséquent, de deux fractions qui ont le même numérateur, celle-là est la plus grande qui a le plus petit dénominateur ; et de deux fractions qui ont le même dénominateur, la plus grande est celle qui a le plus grand numérateur.

Ainsi $\dfrac{8}{9} > \dfrac{8}{15}$; $\dfrac{7}{10} > \dfrac{5}{10}$.

Deuxième Leçon.

173. Théorème. Une fraction est multipliée quand on multiplie son numérateur, ou quand on divise son dénominateur.

Ainsi $\dfrac{3}{8}$ deviendra deux fois plus grande si on écrit $\dfrac{3 \times 2}{8}$ ou bien $\dfrac{3}{8 : 2}$.

La première donne $\dfrac{6}{8}$; la deuxième, $\dfrac{3}{4}$.

Dans la première, l'unité reste partagée en 8 parties, mais on en prend deux fois plus que dans la fraction donnée ; dans la seconde, l'unité est partagée en parties deux fois moins grandes, mais on n'en prend pas davantage que dans la proposée ; donc, dans les deux cas, la fraction est doublée.

174. Théorème. Une fraction est divisée quand on divise son numérateur, ou quand on multiplie son dénominateur.

Soit $\dfrac{8}{15}$; elle deviendra quatre fois plus petite si on écrit $\dfrac{8 : 4}{15} = \dfrac{2}{15}$; ou bien $\dfrac{8}{15 \times 4} = \dfrac{8}{60}$.

Ces deux opérations ont rendu, l'une et l'autre, la fraction quatre fois plus petite ; car dans la première on n'a plus que 2 *quinzièmes* d'unité au lieu de 8, et dans la seconde on a 8 *soixantièmes*, et *un soixantième* est 4 fois plus petit qu'*un quinzième*.

Corollaire. Une fraction ne change pas de valeur quand on multiplie ou quand on divise ses deux termes par le même nombre.

Ainsi, par exemple, $\dfrac{7}{8} = \dfrac{7 \times 2}{8 \times 2} = \dfrac{14}{16}$.

Car si les parties de l'entier sont deux fois plus nombreuses en multipliant le dénominateur, on en exprime deux fois davantage en multipliant le numérateur, donc l'un des changements est détruit par l'autre.

Réciproquement, $\dfrac{8}{12} = \dfrac{8:2}{12:2} = \dfrac{4}{6}$.

Car si des sixièmes sont des unités fractionnaires doubles des douzièmes, le nombre 4 est moitié du numérateur 8, donc les deux opérations se détruisent, et la fraction quoique changée dans sa forme, reste la même dans sa valeur.

Ce corollaire pourrait d'ailleurs se démontrer par la théorie de la division, puisqu'une fraction est l'expression d'une véritable division (8 *).

175. *Scolie.* Il ne faut pas en conclure qu'une fraction reste avec la même valeur lorsqu'on ajoute ou qu'on retranche un même nombre aux deux termes.

D'abord le résultat apparent d'augmentation n'est pas plus analogue dans le cas de multiplication et d'addition que celui de diminution dans le cas de division et de soustraction.

Soit $\frac{1}{2}$; ajoutez 1 au numérateur, vous avez $\frac{2}{2} = 1$; ajoutez 1 au dénominateur, vous avez $\frac{1}{3}$; ajoutez 1 aux deux termes, vous aurez $\frac{2}{3}$, fraction plus grande que $\frac{1}{2}$; car la différence qui la sépare de l'entier n'est que de 1 tiers d'entier, tandis que dans l'autre cette différence était *une demie*. En ajoutant successivement aux deux termes le même nombre, vous vous rapprocherez de plus en plus de l'unité entière, et vous n'en différerez que d'une unité fractionnaire de l'espèce indiquée par le dénominateur; mais, enfin, vous n'arriverez jamais à l'unité; donc :

1° Une fraction augmente quand on ajoute le même nombre aux deux termes.

2° Réciproquement, elle diminue quand on retranche le même nombre aux deux termes; ce qu'il est facile de démontrer.

176. Quand le numérateur est plus fort que le dénominateur, l'expression est un *nombre fractionnaire*. En effet, l'expression dont le numérateur et le dénominateur sont égaux est déjà égale à l'unité, donc l'unité

sera contenue autant de fois dans un nombre fractionnaire que le dénominateur sera de fois facteur dans le
numérateur.

Ainsi : $\frac{29}{6}$ est un nombre fractionnaire, dont on extrait
les entiers par une division que l'expression indique ; le
quotient est 4, et le reste 5 est le numérateur d'une
autre fraction qui prend pour dénominateur celui du
nombre fractionnaire, et on a :

$$\frac{29}{6} = 4 + \frac{5}{6}.$$

Un nombre fractionnaire est donc l'expression d'une
véritable division possible, dont le quotient sera au
moins un nombre entier.

177. *Réciproquement*, on peut réduire un nombre
entier et une fraction en une seule expression fractionnaire ; pour cela on multiplie l'entier par le dénominateur
de la fraction, on ajoute au produit le numérateur, et on
fait de la somme le numérateur du nombre fractionnaire, auquel on donne pour dénominateur celui de la
fraction donnée.

Soit donc $4 + \frac{5}{6}$.

On aura $\dfrac{(4 \times 6) + 5}{6} = \dfrac{24 + 5}{6} = \dfrac{29}{6}.$

Car si $1 = \dfrac{6}{6}$ ou $\dfrac{1 \times 6}{6}$, 4 égalera $\dfrac{4 \times 6}{6} = \dfrac{24}{6}.$

Et comme on compte par *sixièmes* comme par unités
entières, on comprend que 24 sixièmes ajoutés à 5
sixièmes font bien 29 sixièmes.

Troisième Leçon.

RÉDUCTION DES FRACTIONS A LEUR PLUS SIMPLE EXPRESSION.

178. Réduire une fraction à une plus simple expression, c'est la ramener à des termes plus simples sans rien changer à sa valeur.

Pour cela, il faut diviser les deux termes par un même nombre, soit en ayant égard aux caractères de divisibilité connus qu'ils peuvent offrir, soit en cherchant un P.G.D.C. à ces deux termes.

Soit la fraction $\frac{108}{729}$; on voit d'abord que 9 est facteur commun aux deux termes (n° 104), et il reste, après l'avoir retranché, $\frac{12}{81}$; $\frac{12}{81}$ est déjà une expression plus simple, mais non pas *la plus simple*; en retranchant le facteur commun 3, il reste $\frac{4}{27}$, et comme les deux nombres 4 et 27 sont premiers entre eux, la fraction est ramenée à son expression la plus simple; on a donc :

$$\frac{108}{729} = \frac{12}{81} = \frac{4}{27}.$$

Car, d'une part, en divisant par 9 les deux termes de la fraction donnée, on n'a pas changé sa valeur (174); d'autre part, $\frac{12}{81}$ n'a pas changé de valeur quoique le facteur 3 ait été supprimé aux deux termes, et qu'elle soit devenue $\frac{4}{27}$; donc $\frac{4}{27} = \frac{12}{81}$; mais déjà on avait $\frac{12}{81} = \frac{108}{729}$, donc $\frac{4}{27} = \frac{108}{729}$. L'expression $\frac{12}{81}$ était *plus simple* que $\frac{108}{729}$, mais $\frac{4}{27}$ est *la plus simple*.

Si les caractères de divisibilité n'offrent pas de facteur commun, on tente la recherche d'un P.G.D.C. entre les deux termes; et s'ils n'ont pas de P.G.D.C. c'est qu'ils sont premiers entre eux. Par ce moyen on trouve que $\frac{111}{222} = \frac{1}{2}$. Donc : *toute fraction dont les deux termes sont premiers entre eux est réduite à sa plus simple expression.*

7

DES FRACTIONS CONTINUES.

179. Quand la recherche d'un P. G. D. C. commun aux deux termes d'une fraction a prouvé que cette fraction était irréductible, il est souvent difficile de se faire une juste idée de sa grandeur, c'est-à-dire de son rapport avec l'unité. Par exemple, on conçoit bien la valeur de $\frac{1}{2}$ comparé avec 1; la valeur de $\frac{13}{16}$, celle de $\frac{47}{7}$ est encore assez facile à apprécier : plus le numérateur et le dénominateur augmentent, moins il devient possible d'apprécier la valeur de la fraction ; ainsi, quelle idée exacte puis-je avoir de l'expression $\frac{216}{887}$? Cependant, si une seule unité était ôtée ou ajoutée à l'un des deux termes, la fraction pourrait être ramenée à une expression beaucoup plus simple, et, à bien peu de chose près, l'expression nouvelle exprimerait la même valeur que $\frac{216}{887}$.

Une fraction continue est une suite d'expressions fractionnaires toutes liées entre elles, de telle sorte que la réunion de toutes est égale à la fraction évaluée, et que la réunion de plusieurs représente une valeur de plus en plus approchée de la valeur totale.

Soit donc la fraction $\frac{216}{887}$ dont on veuille trouver une valeur approchée.

Après avoir cherché le P. G. D. C. selon le procédé connu (111),

$$\begin{array}{c|c|c|c|c|c|c}
 & 4 & 9 & 2 & 1 & 4 & 4 \\
887 \mid & 216 \mid & 23 \mid & 9 \mid & 5 \mid & 4 \mid & 1 \\
\hline
23 \mid & 9 \mid & 5 \mid & 4 \mid & 1 \mid & 0 \mid &
\end{array}$$

et poussé l'opération jusqu'à la fin, quoique le reste 23 qui ne divisait pas 216, m'ait prouvé que les deux termes étaient premiers entre eux (n° 112), je prends tous les quotients dans l'ordre où ils sont venus, et de chacun d'eux je forme le dénominateur d'une fraction à laquelle je donne l'unité pour numérateur, et je les écris de cette manière :

$$\frac{216}{887} = \cfrac{1}{4 + \cfrac{1}{9 + \cfrac{1}{2 + \cfrac{1}{1 + \cfrac{1}{1 + \cfrac{1}{4}}}}}}$$

En sorte que le numérateur 1 de la seconde est joint par le signe + au dénominateur 4 de la première ; que le numérateur de la troisième est joint au dénominateur 9 de la seconde par le signe + …. et ainsi des autres. Voilà une fraction continue.

Chaque fraction partielle $\frac{1}{4}$, $\frac{1}{9}$, $\frac{1}{2}$, $\frac{1}{1}$, $\frac{1}{1}$, $\frac{1}{4}$, s'appelle *fraction intégrante*, et est irréductible. Chaque quotient 4, 9, etc., s'appelle *quotient incomplet*, parce qu'un seul n'est que la partie entière de l'expression qui vient après lui.

Au contraire, on nomme *quotient complet* toute l'expression qui vient à la suite d'un quotient incomplet, jointe à ce quotient lui-même ; ainsi :

$$9 + \cfrac{1}{2 + \cfrac{1}{1\ldots \text{etc.}}} \quad ; \quad \cfrac{1}{1 + \cfrac{1}{1 + \cfrac{1}{4}}} \quad \text{sont des quotients complets.}$$

Quand on a formé toute la continue équivalente à une fraction irréductible, on prend un certain nombre de fractions intégrantes consécutives, à partir de la première, et on les réunit : on en prend d'autant plus que l'on veut avoir une évaluation plus approchée, et le résultat fractionnaire obtenu s'appelle *fraction réduite*, ou simplement *réduite*.

180. Voici comment on forme les diverses *réduites*. On écrit sur la même ligne horizontale tous les quotiens incomplets.

$$0 \quad 4 \quad 9 \quad 2 \quad 1 \quad 1 \quad 4.$$

en écrivant 0 à la gauche du premier. On forme les deux premières réduites en donnant 0 pour dénominateur à 1, et 1 pour dénominateur au 0, et l'on écrit ces deux réduites sous les quotiens 0,4 de cette manière :

Quotients.   0,   4,   9,   2,   1,   1,   4.

Réduites. $\dfrac{1}{0}$, $\dfrac{0}{1}$

Pour former la troisième, on multiplie le numérateur 0 de la deuxième par le quotient 4, et on ajoute le numérateur de la première ; ce qui donne $4 \times 0 = 0$; $0 + 1 = 1$. Ce résultat forme le numérateur de la troisième, et on forme son dénominateur en multipliant par 4 le dénominateur de la deuxième, et ajoutant au produit le dénominateur de la première, ce qui donne $4 \times 1 = 4$; $4 + 0 = 4$, de cette manière :

$$\frac{4 \times 0 + 1}{4 \times 1 + 0} = \frac{1}{4}$$

Pour former le numérateur de la quatrième, on multipliera le numérateur de la troisième par le quotient 9, on ajoutera au produit le numérateur de la deuxième, et on agira de la même manière à l'égard des deux dénominateurs pour former celui de la quatrième réduite, et on aura :

$$\frac{9 \times 1 + 0}{9 \times 4 + 1} = \frac{9}{37}$$

En agissant toujours d'après la même loi de formation, on arrivera au résumé suivant, qu'il sera facile de former.

Quotients.	0	4	9	2	1	1	4
Réduites.	$\frac{1}{0}$	$\frac{0}{1}$	$\frac{1}{4}$	$\frac{9}{37}$	$\frac{19}{78}$	$\frac{28}{115}$	$\frac{47}{193}$

et $\frac{216}{887}$

Après avoir ainsi obtenu toutes les réduites, on prend celle dont la valeur paraît suffisante pour le calcul qu'on se propose.

Scolies. 1° Remarquez que toutes ces réduites vont en grandissant jusqu'à la dernière, qui est elle-même égale à la proposée ; c'est pour cela qu'on les appelle aussi *fractions convergentes*, parce que chacune d'elles *converge* vers une valeur équivalente à la proposée.

2° On écrit zéro pour premier quotient, pour rendre plus générale la loi de formation ; il remplace le quotient en nombre entier que l'on obtiendrait si le numérateur de la proposée était plus grand que le dénominateur, comme dans le cas suivant.

181. Soit à évaluer par fraction continue, le nombre fractionnaire décimal 3,14159.

Représenté en fraction ordinaire, $3,14159 = \frac{314159}{100000}$; en

soumettant cette dernière expression à la recherche du P. G. D. C., on trouve pour quotients successifs : 3, 7, 15, 1, 25, 1, 7, 4.

Le premier quotient 3 est un nombre entier, et la continue =

$$3 + \cfrac{1}{7 + \cfrac{1}{15 + \cfrac{1}{1 + \cfrac{1}{25 + \cfrac{1}{1 + \cfrac{1}{7 + \cfrac{1}{4}}}}}}}$$

En calculant les réduites d'après la méthode précitée, nous remplacerons 0 par 3, et nous aurons pour première réduite $\frac{1}{0}$, et pour seconde, $\frac{3}{1}$, que nous écrirons sous les deux premiers quotients de cette manière :

Quotients.	3	7	15	1	25	1	7	4	
Réduites.	$\frac{1}{0}$	$\frac{3}{1}$	$\frac{22}{7}$	$\frac{333}{106}$	$\frac{355}{113}$	$\frac{9208}{2931}$	$\frac{9563}{3044}$	$\frac{76149}{24239}$	$\frac{314159}{100000}$

Ces diverses réduites sont celles que l'on obtient quand on cherche le rapport numérique de la circonférence d'un cercle à son diamètre.

Scolie. 1° Remarquez que la première expression $\frac{1}{0}$ n'est pas, à proprement parler, une réduite; c'est le symbole de la limite des nombres, employé pour mieux généraliser la loi de formation des réduites.

2° La deuxième expression $\frac{3}{1}$ n'est autre que le premier quotient divisé par l'unité.

Les réduites jouissent de propriétés particulières, indifférentes au but que nous nous proposons, et dont la démonstration appartient à l'algèbre (1).

(1) Nous n'avons donné ici qu'un aperçu de la formation des fractions continues ; mais il nous a paru utile de les indiquer, parce que leur calcul est quelquefois nécessaire en géométrie.

Quatrième Leçon.

RÉDUCTION DES FRACTIONS AU MÊME DÉNOMINATEUR.

182. Réduire des fractions au même dénominateur, c'est les ramener à exprimer les mêmes subdivisions de l'unité sans rien changer à leur valeur absolue ni à leur valeur relative.

Le dénominateur commun doit toujours être le plus petit possible, de telle sorte que les fractions données ne peuvent avoir toutes un même facteur commun qui pourrait être retranché à leurs deux termes.

Il faut distinguer trois cas.

1er CAS. Si les dénominateurs des fractions données sont premiers entre eux.

Soit d'abord $\dfrac{2}{3}$ et $\dfrac{7}{8}$,

On multiplie les deux termes de chaque fraction par le dénominateur de l'autre, et il vient :

Pour la première, $\dfrac{2 \times 8}{3 \times 8} = \dfrac{16}{24}$

Pour la seconde, $\dfrac{7 \times 3}{8 \times 3} = \dfrac{21}{24}$

Fractions qui sont bien égales aux deux proposées, puisque leurs deux termes ont été multipliés par un même nombre.

Soient encore, $\dfrac{2}{3}$, $\dfrac{5}{7}$, $\dfrac{2}{5}$, $\dfrac{1}{2}$.

Quand il y a plus de deux fractions, on multiplie les

deux termes de chacune par le produit de to   autres dénominateurs, ainsi on a :

$$\text{Pour la première,} \quad \frac{2 \times (7 \times 5 \times 2)}{5 \times (7 \times 5 \times 2)} = \frac{140}{210}$$

$$\text{Pour la deuxième,} \quad \frac{5 \times (5 \times 5 \times 2)}{7 \times (5 \times 5 \times 2)} = \frac{150}{210}$$

$$\text{Pour la troisième,} \quad \frac{2 \times (5 \times 7 \times 2)}{5 \times (5 \times 7 \times 2)} = \frac{84}{210}$$

$$\text{Pour la quatrième,} \quad \frac{1 \times (5 \times 7 \times 5)}{2 \times (5 \times 7 \times 5)} = \frac{105}{210}$$

Les dénominateurs sont nécessairement les mêmes puisque les quatre facteurs sont toujours les mêmes, disposés seulement dans un ordre inverse ; les fractions n'ont pas changé de valeur, puisque le même facteur complexe (renfermé entre deux crochets) multiplie les deux termes (61 *corol.*).

Scolie. Ce procédé opératoire pourrait être employé dans tous les cas, mais on s'exposerait à avoir des dénominateurs beaucoup trop grands et des fractions réductibles, en faisant entrer aux deux termes des facteurs qui devraient en être retranchés.

183. 2ᵉ CAS. quand un des dénominateurs est multiple des autres.

Soit d'abord, $\dfrac{5}{12}$ et $\dfrac{3}{4}$.

On multiplie les deux termes de la fraction qui a le plus petit dénominateur par le quotient du plus grand divisé par le plus petit. 12 est multiple de 4, l'autre sous-multiple est 3 ; en multipliant les deux termes de $\dfrac{3}{4}$ par 3, on a $\dfrac{3 \times 3}{4 \times 3} = \dfrac{9}{12}$ dont le dénominateur est bien le même que celui de l'autre.

En effet, puisqu'une des deux fractions a un dénominateur sous-multiple de l'autre, le produit de ce sous-multiple, multiplié par l'autre que la division a fait connaître, ne peut donner que le même multiple. — D'ailleurs les deux termes sont multipliés par le même nombre, donc.... (174).

Soient encore les fractions $\dfrac{5}{28}\quad \dfrac{3}{4}\quad \dfrac{2}{7}\quad \dfrac{1}{2}$

On cherche le quotient du dénominateur multiple par tous les autres qui sont ses sous-multiples, et on multiplie les deux termes de chaque fraction par le quotient qu'a donné son dénominateur respectif.

Or 28 a pour sous-multiple les trois nombres 4, 7, 2. Les quotients étant trouvés, on les écrit sous chaque fraction, de cette manière :

$$\dfrac{1}{2}\quad \dfrac{5}{28}\quad \dfrac{2}{7}\quad \dfrac{3}{4}$$

Quotients 14　　1　　4　　7

et multipliant on trouve :

$$\dfrac{1\times 14}{2\times 14}\quad \dfrac{5\times 1}{28\times 1}\quad \dfrac{2\times 4}{7\times 4}\quad \dfrac{3\times 7}{4\times 7}$$

Ou bien $\quad \dfrac{14}{28}\qquad \dfrac{5}{28}\qquad \dfrac{8}{28}\qquad \dfrac{21}{28}$

Le nombre 1 est écrit sous la fraction $\frac{5}{28}$ pour plus de régularité.

On conçoit que les dénominateurs doivent être égaux par la même raison que précédemment.

Scolie. Quelquefois aucun des dénominateurs n'est multiple des autres, mais on peut trouver un nombre qui soit multiple de tous les dénominateurs, et c'est ce nombre qui devient le dénominateur commun.

Pour cela, on le divise par tous les dénominateurs, on écrit le quotient sous la fraction dont le dénominateur est l'autre

sous-multiple, et on opère comme il vient d'être dit tout-
à-l'heure.

Soient les fractions $\dfrac{1}{12}$ $\dfrac{2}{9}$ $\dfrac{1}{3}$ $\dfrac{7}{18}$.

Aucun des dénominateurs n'est multiple des autres, mais
avec un peu d'habitude, on ne cherche pas longtemps pour
voir que 36 est divisible par 12, 9, 3 et 18.

On aura donc $\dfrac{1}{12}$ $\dfrac{2}{9}$ $\dfrac{1}{3}$ $\dfrac{7}{18}$.

Quotients.   3   4   12   2.

Produits. $\dfrac{3}{36}$ $\dfrac{8}{36}$ $\dfrac{12}{36}$ $\dfrac{14}{36}$.

La théorie est la même.

184. 3ᵉ CAS. Les facteurs peuvent être indifféremment
premiers avec l'un d'eux, ou avoir avec lui des facteurs
communs.

Soient d'abord les deux fractions $\dfrac{2}{15}$, $\dfrac{7}{10}$

On pourrait ici multiplier les deux termes de l'une par
le dénominateur de l'autre; mais ce procédé aurait l'inconvénient de faire entrer dans les deux termes de chaque
nouvelle fraction, le facteur 5 commun aux deux dénominateurs 15 et 10.

En effet, $15 = 3 \times 5$
et . . . . . $10 = 2 \times 5$.

Or en mulpliant on aurait :

Pour la première, $\dfrac{2 \times 2 \times 5}{15 \times 2 \times 5} = \dfrac{20}{150}$.

Pour la seconde, $\dfrac{7 \times 3 \times 5}{10 \times 3 \times 5} = \dfrac{105}{150}$.

7.

Et cependant le facteur 5 pourrait être supprimé, et il resterait :

Pour la première, $\dfrac{2 \times 2}{15 \times 2}$

Pour la seconde, $\dfrac{7 \times 3}{10 \times 3}$

qui sont les plus simples possibles dans leur valeur relative. Voici un procédé plus simple :

Multiplions seulement les deux termes de chaque fraction par le facteur de l'autre dénominateur étranger au sien :

On aura $\dfrac{2}{15}$, $\dfrac{7}{10}$

Facteur étranger,   2,   3, et multipliant,

il viendra. . . . . . $\dfrac{2 \times 2}{15 \times 2}$ $\dfrac{7 \times 3}{10 \times 3}$

Donc, quand deux fractions ont leurs dénominateurs tels que, sans être divisibles l'un par l'autre, ils ont cependant un facteur commun, on les réduit au même dénominateur en multipliant les deux termes de chacune d'elles par le facteur de l'autre dénominateur étranger au dénominateur de celle sur laquelle on opère.

Soient encore les fractions $\dfrac{7}{20}$ $\dfrac{5}{12}$ $\dfrac{1}{8}$ $\dfrac{5}{18}$ $\dfrac{4}{21}$

En examinant les dénominateurs on reconnaît que 21, le plus grand . n'est pas multiple des autres et qu'ils ne sont pas premiers entre eux. Dans ce cas, comme dans tous ceux qui lui ressemblent, on forme un produit dans lequel on fait entrer tous les facteurs premiers de chaque dénominateur, élevés au plus petit exposant possible. Ce produit devient le dénominateur commun. On le divise par chaque dénominateur, et l'opération se termine comme dans le second cas.

Pour former ce produit, on décompose d'abord le premier dénominateur qui se présente en ses facteurs premiers; ici c'est 20 qui est égal à $2 \times 2 \times 5$, ou bien $2^2 \times 5$.

Passant au second, on a 3×4; mais comme on a déjà le facteur 4, on introduit seulement le facteur 3, dans le produit, ce qui donne $2^2 \times 5 \times 3$.

Le troisième dénominateur est 8 ou bien 2 élevé à la troisième puissance. Or, le produit $2^2 \times 5 \times 3$, ne serait pas divisible par 8, mais il le deviendra en ajoutant encore une fois le facteur 2, ce qui donnera : $2^2 \times 5 \times 3 \times 2$, ou bien $2^3 \times 5 \times 3$.

Le quatrième dénominateur $18 = 3 \times 3 \times 2$, et puisque le produit déjà formé contient 2 à sa troisième puissance, il sera bien divisible par 2; mais il ne le serait par 3×3 ou par 9, puisque 3 n'y entre qu'une fois facteur. En l'introduisant encore une fois, il viendra : $2^3 \times 5 \times 3^2$.

Enfin le dénominateur $21 = 3 \times 7$; et ce dernier facteur introduit dans le produit donnera :

$$2^3 \times 5 \times 3^2 \times 7 = 2520.$$

2520 sera donc le dénominateur commun.

En le divisant par chaque dénominateur, on trouvera :

	$\dfrac{7}{20}$	$\dfrac{5}{12}$	$\dfrac{1}{8}$	$\dfrac{5}{18}$	$\dfrac{4}{21}$
Quotients,	126	210	315	140	120
Fractions réduites :	$\dfrac{882}{2520}$	$\dfrac{1050}{2520}$	$\dfrac{315}{2520}$	$\dfrac{700}{2520}$	$\dfrac{480}{2520}$

Scolie. Dans tous les cas, le dénominateur est toujours le plus petit possible, puisqu'on ne voit pas de facteur commun aux deux termes de l'une qui puisse être retranché aux deux termes de toutes les autres.

Cinquième Leçon.

ÉVALUATION DES FRACTIONS.

185. Evaluer une fraction, c'est exprimer sa valeur en une autre fraction d'une espèce donnée.

On peut avoir à évaluer une fraction ordinaire en une autre fraction ordinaire, une fraction décimale en une fraction ordinaire, et une fraction ordinaire en une fraction décimale.

1° Pour évaluer une fraction ordinaire en une autre équivalente, par exemple $\frac{2}{3}$ en 24°, il faudra diviser 24 par 3, et multiplier les deux termes de $\frac{2}{3}$ par le quotient 8, ce qui donne $\frac{16}{24}$.

On conçoit que les deux fractions sont équivalentes, mais que ce mode d'évaluation ne pourra avoir lieu qu'autant que le dénominateur de la fraction proposée sera multiple de celui de l'autre.

Si la fraction donnée n'était pas réduite à sa plus simple expression, il faudrait d'abord l'y réduire, parce qu'il pourrait arriver qu'après cela l'évalution fût possible, par exemple :

$$\text{Evaluer } \frac{14}{21} \text{ en sixièmes ;}$$

6 n'est pas divisible par 21; mais en supprimant le facteur 7 commun aux deux termes, on trouve $\frac{2}{3}$ qui peut être évalué en sixième, puisque 3 peut diviser 6, et on a $\frac{2}{3} = \frac{4}{6}$; donc $\frac{14}{21} = \frac{4}{6}$.

186. 2° Pour évaluer une fraction décimale en fraction ordinaire, on prend les chiffres significatifs de la fraction décimale pour en faire le numérateur, et on prend pour dénominateur l'unité suivie d'autant de zéros qu'il y a de chiffres à droite de la virgule.

$$\text{Ainsi } 0,5 = \frac{5}{10} \text{ ; } 0,0028 = \frac{28}{10000}$$

Donc, toute fraction décimale est équivalente à une fraction ordinaire dont le dénominateur est multiple de 10, et dont le numérateur est un nombre entier.

187. 3° Pour évaluer une fraction ordinaire en fraction décimale, on effectue la division indiquée par l'expression même de la fraction donnée; mais comme cette division n'est pas possible, puisque le numérateur dividende est plus petit que le dénominateur diviseur, on considère le numérateur comme un reste, et on évalue le quotient en décimales (n° 99).

Soit donc $\frac{5}{8}$ à évaluer en décimales.

Le premier quotient est zéro entiers, le second 0,6, le troisième 0,02, le quatrième 0,005.

$$\begin{array}{c|l} 5 & 8 \\ 50 & \overline{0,625} \\ 20 & \\ 40 & \\ 0 & \end{array}$$

Or, la fraction $\frac{5}{8} = 0,625$; car $\frac{1000}{8} = 125$, et 5 fois 125 = 625.

Mais $0,625 = \frac{625}{1000}$, et $\frac{625}{1000} = \frac{5 \times 125}{8 \times 125}$

La réduction en fraction décimale sera possible exactement lorsque le dénominateur de la fraction donnée n'aura pas d'autre facteur que 2 et 5, élevés à une puissance quelconque; $\frac{5}{8}$ pouvait être réduit parce que $8 = 2^3 = 2 \times 2 \times 2$.

En effet, en multipliant chaque reste par 10 pour obtenir les chiffres décimaux du quotient, on ne fait qu'introduire 3 fois le facteur 5 au numérateur et au dénominateur, comme il suit.

$$\frac{5 \times (5 \times 5 \times 5)}{2 \times 2 \times 2 \times (5 \times 5 \times 5)} = \frac{625}{1000}$$

De même, si on avait la fraction $\frac{7}{40}$ à évaluer, comme $\frac{7}{40} = \frac{7}{2 \times 2 \times 2 \times 5}$, il faudrait introduire au dénominateur 2 fois le facteur 5, et multiplier aussi par 25 le

numérateur pour ne rien changer à la valeur de la fraction, et en général :

La fraction décimale contiendra toujours autant de
chiffres décimaux que l'un des nombres 2 ou 5 sera de
fois facteur dans le dénominateur de la fraction donnée.

188. L'évaluation exacte sera impossible si la fraction
proposée a, dans son dénominateur, un facteur étranger
à 10, ou à quelque puissance de 10.

Ainsi par exemple $\frac{3}{7}$ n'est pas réductible.

Essayons d'abord la division, on
aurait. . . . .

$$
\begin{array}{c|c}
2 & 3 \\
20 & \overline{0,655......} \\
20 &
\end{array}
$$

Le même reste ramène toujours
le même chiffre au quotient;

$\frac{3}{7}$ réduit en décimales, donnera :

$$
\begin{array}{c|c}
3 & 7 \\
30 & \overline{0,428571.....42} \\
\;\;20 & \\
60 & \\
40 & \\
50 & \\
10 & \\
30 & \\
20 & \\
6 &
\end{array}
$$

6. . . . . . quotient intermi-
nable, puisque le même reste reparaît après la sixième
décimale, et donnera encore les mêmes quotients.

$\frac{5}{6}$ ne sera pas non plus réductible ; essayons la division, il viendra. . . . .

$$
\begin{array}{c|c}
5 & 6 \\
50 & \overline{0,8333.....} \\
20 & \\
20 & \\
20 &
\end{array}
$$

0 entiers, puis 8 dixièmes, puis
3 centièmes ; mais le même reste 2 ,
multiplié par 10, donnera encore le
même dividende partiel, et par conséquent le même quotient 3.

Les chiffres qui se répètent ainsi à l'infini forment *une
période*, et la fraction décimale est dite *périodique*.

Sixième Leçon.

FRACTIONS PÉRIODIQUES DÉCIMALES.

189. Il y a deux sortes de périodes, la simple et la mixte. La période simple est celle dont le chiffre ou les chiffres qui la composent commencent immédiatement après la virgule. Ainsi la fraction 0,(666... est une période simple à un chiffre; la fraction 0,428571 428571 428..... est une période simple à six chiffres.

La période mixte est celle dont le chiffre ou les chiffres ne commencent qu'après les dixièmes ou les centièmes, et en général à une décimale quelconque. Ainsi 0,83333.... 0,72431431431..... sont deux périodes mixtes, la première d'un seul chiffre, paraissant dès les centièmes, la seconde de trois chiffres, 431, commençant aux millièmes.

On comprend l'origine d'une période quelconque : puisque le dénominateur de la fraction $\frac{1}{7}$, par exemple, renferme un facteur étranger à 10, et que la décimale équivalente que l'on cherche peut elle-même être considérée comme ayant pour dénominateur 10 à une certaine puissance, ou les deux facteurs de 10 élevés chacun à la même puissance, jamais l'évaluation ne fera disparaître le facteur 3 étranger à 10

190. En général, pour qu'une évaluation soit possible, il faut toujours que le dénominateur de la fraction donnée soit sous-multiple du dénominateur de celle en laquelle on veut la transformer.

On ne peut pas dire d'avance quelle sera l'étendue d'une période, mais elle ne pourra jamais contenir plus de chiffres qu'il n'y a d'unités, moins une, dans le diviseur. Quand le dénominateur est un nombre premier (excepté 5 et 2), il y aura toujours autant de chiffres à la période que ce diviseur contient d'unités, moins une, et la période sera simple. Ainsi $\frac{1}{7}$ a donné une période simple de six chiffres, et n'en pouvait pas donner davantage, puisque chacun des restes ne pouvait être même égal au diviseur; or, après six divisions, au plus, il fallait que le premier reste reparût.

Quand le dénominateur sera quelconque, mais composé de quelque facteur étranger à 10, ainsi que de l'un des deux facteurs de ce nombre, ou de tous les deux, on aura une période mixte, mais il ne sera pas possible de dire son étendue. Cette connaissance d'ailleurs ne serait d'aucune utilité pour la pratique. Ainsi la fraction $\frac{1}{6}$ évaluée en décimale devait donner une période mixte, à cause du facteur 2 renfermé dans le dénominateur 6.

Si l'on prévoit d'avance que la période sera nombreuse, on borne l'évaluation à un ordre de décimales déterminé. Par exemple, dans l'évaluation de $\frac{1}{7}$, on aurait pu évaluer

à 1 dixième près. . . . . . . 0,4.
à 1 centième près. . . . . . 0,42.
à 1 millième près. . . . . . . 0,428.
à 1 dixmillième près. . . . . 0,4285.

Et, selon l'application que l'on veut en faire dans le calcul, on néglige les autres décimales. Cependant on a soin d'évaluer toujours un chiffre décimal de plus que celui que l'on veut avoir, parce que si le chiffre est seulement égal à 5, on augmente d'une unité celui auquel on veut borner l'évaluation approximative. On dit alors que l'évaluation est faite à moins d'une demi-unité du dernier ordre de décimales.

ÉVALUATION DES FRACTIONS PÉRIODIQUES.

191. 1° Une fraction décimale, à période simple, a pour équivalente une fraction ordinaire, que l'on forme en prenant pour numérateur les chiffres mêmes de la période, et pour dénominateur le chiffre 9 répété autant de fois qu'il y a de chiffres dans cette période.

Soit la fraction périodique 0,181818..... on aura pour équivalente $\frac{18}{99} = \frac{2}{11}$, et ce qui le prouve, c'est que cette fraction $\dfrac{2}{11}$ évaluée en fractions décimales, redonnerait 0,18181818....

$$
\begin{array}{r|l}
\text{En effet : } 2 & 11 \\
20 & \\
90 & 0,1818...... \\
20 & \\
90...... &
\end{array}
$$

Démonstration.

Représentons par x la période, on aura x = 0,1818.... Multipliant par 100 les deux membres de l'égalité, on aura :

$$100\,x = 18,1818.....$$

Retranchons x de part et d'autre, ou sa valeur, il restera :

$$99\,x = 18.$$

Et, divisant les deux membres par 99,

il vient $\dfrac{99}{99}\,x = \dfrac{18}{99}$, ou seulement $x = \dfrac{18}{99}$; car $\dfrac{99}{99} = 1$, et ce facteur peut être supprimé dans le premier membre ; et, puisque x a été fait égal à la période, la période est donc égale à $\dfrac{18}{99}$; ce qu'il fallait démontrer.

192. 2° Pour évaluer une fraction périodique mixte en fraction ordinaire, on sépare la partie non périodique de la partie périodique ; de la première on fait une fraction ordinaire ayant pour numérateur les chiffres qui la composent, et dont le dénominateur sera l'unité suivie d'autant de zéros qu'il y a de chiffres au numérateur ; de la deuxième on fait une autre fraction ont le numérateur comprend les chiffres de la période, et dont le dénominateur est le chiffre 9 répété autant de fois que la période a de chiffres, multipliés par autant de fois 10 que ce nombre est facteur dans le dénominateur de la première fraction déjà faite. Cela fait, on additionne les deux fractions après les avoir réduites au même dénominateur, et on simplifie s'il y a lieu.

Soit donc la fraction périodique mixte 0,72181818.

On aura d'abord les deux parties 72 et 18......

De la première je forme la fraction $\dfrac{72}{100}$;

de la seconde. . . . . $\dfrac{18}{9900} = \dfrac{2}{1100}$

En additionnant, je trouve $\dfrac{72}{100} + \dfrac{2}{1100}$ . . . . . qu'il faut réduire au même dénominateur en multipliant les deux termes de la première par 11.

$$\frac{12 \times 11}{100 \times 11} + \frac{2}{1100} = \frac{794}{1100}$$

Donc $\dfrac{794}{1100} = 0,721818....$ En effet, évaluant cette fraction par la division on trouve :

$$
\begin{array}{r|l}
794 & 1100 \\
20 & \overline{} \\
20 & 0,72181...... \\
90 & \\
20 & \\
9 & \\
\end{array}
$$

Démonstration.

Soit x la valeur supposée de la période mixte, on aura $x = 0,721818.....$

Et multipliant par 100 de part et d'autre, $100\,x = 72,1818...$ et comme la période simple $1818...... = \dfrac{18}{99} = \dfrac{2}{11}$.

On peut écrire $100\,x = 72 + \dfrac{2}{11}$.

Divisant les deux membres par 100,

il restera $x = \dfrac{72}{100} + \dfrac{2}{11 \times 100}$.

Car les deux termes du second membre doivent être divisés par le même nombre pour que l'égalité ne cesse pas d'exister.

Septième Leçon.

APPLICATION DES OPÉRATIONS FONDAMENTALES DE L'ARITHMÉTIQUE AUX FRACTIONS.

Les fractions peuvent subir tous les changements que subissent les entiers et les fractions décimales.

Ces changements s'obtiennent à l'aide des six opérations fondamentales du calcul.

1° ADDITION DES FRACTIONS.

193. Pour additionner des fractions, c'est-à-dire pour en réunir plusieurs en une seule, il faut d'abord qu'elles aient été réduites au même dénominateur, puisqu'on ne peut additionner que des quantités de même espèce, et que c'est le dénominateur qui détermine l'espèce d'unité fractionnaire.

Soient d'abord $\frac{2}{7} + \frac{1}{7} + \frac{3}{7} + \frac{6}{7}$.

On additionne les numérateurs, puisque ce sont toutes unités de septièmes, et on donne à la somme le dénominateur commun.

On a donc $\frac{2 + 1 + 3 + 6}{7} = \frac{12}{7}$.

Et, si cela est nécessaire, on extrait les entiers qui peuvent être contenus dans la somme. Ici on aurait $\frac{12}{7} = 1\frac{5}{7}$.

Si on avait eu $\frac{3}{7} + \frac{1}{2} + \frac{4}{21}$,

on aurait tout réduit en vingt-unièmes, d'après le deuxième cas (183), et en général on prendra toujours le procédé de réduction le plus convenable. Les trois fractions données reviendraient donc à :

$$\frac{9}{21} + \frac{7}{21} + \frac{4}{21}$$

et additionnant les numérateurs, on trouverait $\frac{20}{21}$.

194. Si on a des entiers et des fractions à additionner, on réduira d'abord les fractions au même dénominateur, on les additionnera, on en extraira les entiers s'il y a lieu, et on retiendra ces entiers pour les ajouter avec les autres.

$$\text{Soit } 8 + \frac{1}{3} + \frac{5}{6} + 19 + 7 + \frac{3}{4}$$

Je réduis d'abord les fractions en douzièmes, et j'ai

$$8 + \frac{4}{12} + \frac{10}{12} + 19 + 7 + \frac{9}{12}$$

j'additionne les trois fractions et j'ai $\frac{23}{12} = 1 + \frac{17}{12}$

puis additionnant l'unité extraite avec les entiers, il me vient : $1 + 8 + 19 + 7 = 35\frac{11}{12}$

Quand on n'a qu'un seul entier à additionner avec une seule fraction, on opère comme il a été dit (177).

Lorsqu'il y a beaucoup de nombres, et qu'ils sont composés de plusieurs chiffres, il est bon de disposer l'opération à peu près comme celles des entiers.

A droite de chaque fraction on écrit le multiplicateur de ses deux termes; puis dans une autre colonne à droite, on écrit seulement les numérateurs des fractions réduites, et une fois seulement, par accolade, le dénominateur commun. Cela fait, on additionne les numérateurs. Ici

	Multipl.	Numér.	
$243\frac{1}{3}\ldots 16$		32	
$572\frac{3}{4}\ldots 12$		36	
$107\frac{5}{6}\ldots 8$		40	48
$83\frac{7}{16}\ldots 3$		21	
$9\frac{11}{24}\ldots 2$		22	
$1017\frac{1}{}$		161	48
		7	3

commun. Cela fait, on additionne les numérateurs. Ici

on avait $\frac{151}{48}$; la division faite en bas et à droite donne 3 entiers, et la fraction $\frac{7}{48}$. On écrit cette fraction sous les fractions données, et l'addition des trois entiers se continue avec les autres à la manière ordinaire.

195. Si on avait à additionner des fractions ordinaires avec des fractions décimales, on convertirait d'abord les fractions décimales en fractions ordinaires, et l'opération s'achèverait comme dans le premier cas.

Soit $0,17 + \frac{3}{4} + \frac{5}{6} + 0,529$

on aura $\frac{17}{100} + \frac{3}{4} + \frac{5}{6} + \frac{5}{10} + \frac{529}{1000}$

dont le dénominateur commun sera 1000×3 en opérant d'après le troisième cas (n° 184).

Résultat . . . $\frac{17}{100} + \frac{3}{4} + \frac{5}{6} + \frac{3}{10} + \frac{529}{1000}$

Quotients. . . 30 750 500 300 3

Fractions réduites. $\dfrac{510 + 2250 + 2500 + 900 + 1587}{3000} =$

$\frac{7747}{3000} = 2,582$ à un millième près.

EXERCICES : additionnez $\frac{5}{7} + \frac{1}{9} + \frac{3}{45} + \frac{8}{75} + \frac{1}{6} + \frac{2}{3}$.

Additionnez $\frac{7}{20} + \frac{5}{42} + 88 + 0,17 + 59 + \frac{4}{15} + \frac{1}{6}$

Additionnez $48\frac{2}{3} + \frac{5}{8} + 6\frac{5}{18} + 7\frac{10}{24}$.

Additionnez $\frac{3}{8} + \frac{7}{19} + \frac{1}{7} + \frac{1}{15} + \frac{3}{19} + 0,45 + 0,001 + \frac{19}{60}$.

Huitième Leçon.

2° SOUSTRACTION DES FRACTIONS.

196. Pour comparer deux fractions entre elles, il faut aussi qu'elles soient de même espèce, c'est-à-dire de même dénominateur, et alors la comparaison se fait entre les numérateurs. La différence devient le numérateur d'une nouvelle fraction de même espèce; par conséquent on lui donnera le dénominateur commun aux deux fractions comparées.

Supposons que l'on veuille connaître laquelle des deux fractions $\frac{7}{15}$ et $\frac{2}{3}$ est la plus forte; on aura $\frac{7}{15} - \frac{2}{3} = \frac{21}{45} - \frac{10}{45}$. Et comme la seconde a le plus grand numérateur, j'en conclus qu'elle est la plus grande, qu'elle diffère de l'autre de $\frac{2}{45}$ ou $\frac{1}{5}$.

Scolie. Si deux fractions sont telles que le numérateur de chacune ne diffère de son dénominateur que d'une unité, la plus grande est celle qui a le plus grand dénominateur. La vue suffit ici, mais elle ne détermine pas la différence numérique d'une fraction à l'autre.

Par exemple, on a évidemment $\frac{5}{6} > \frac{5}{4}$ (172 coroll.)

197. Quant on veut soustraire une fraction d'un entier, on convertit en fraction de même espèce une unité de cet entier, et la différence est égale à cet entier diminué de 1, plus la fraction obtenue.

Ainsi $7 - \frac{5}{8} = 6\frac{3}{8}$.

En effet $7 = 6 + \frac{8}{8}$, et retranchant $\frac{5}{8}$ de $\frac{8}{8}$, il reste bien $6 + \frac{3}{8}$.

Scolie. En général, l'unité sera toujours assez grande pour contenir une fraction, quelque grande qu'on la suppose, puisque jamais le numérateur de cette fraction n'égalera son dénominateur.

Soit encore à comparer les deux nombres $287\frac{5}{7}$, et $189\frac{2}{8}$.

On dispose l'opération comme celle des entiers, en ayant égard à la force de la partie entière. . . . .

On réduit au même dénominateur, en disposant le numérateur et le multipli-

	Multipl.	Numér.	
$287\frac{5}{7}$....8	40		
$189\frac{7}{8}$....6	42		48
$97\frac{24}{24}$	46		

cateur sur la droite. Comme le numérateur de la fraction qui accompagne le plus grand nombre entier est plus faible que l'autre, on y ajoute par la pensée une unité, qui, convertie en $\dfrac{48}{48}$ forme en somme $\dfrac{88}{48}$. Or $\dfrac{88-42}{48}$

$= \dfrac{46}{48}$; on reporte une unité au nombre inférieur, pour compenser l'augmentation faite au nombre supérieur, et on achève l'opération d'après les principes donnés pour les nombres entiers. De cette manière on trouve pour différence totale $97\dfrac{46}{48}$.

198. Pour comparer une fraction décimale avec une fraction ordinaire, on réduirait d'abord la décimale en fraction ordinaire, et on achèverait l'opération comme dans le premier cas (196).

Par exemple : $0,17 - \dfrac{5}{4} = \dfrac{17}{100} - \dfrac{5}{4}$.

Réduites au même dénominateur, elles deviennent :

$\dfrac{17}{100} - \dfrac{75}{100} = \dfrac{58}{100}$; donc $\dfrac{5}{4}$ surpasse $0,17$ de $0,58$....

EXERCICES : soustrayez $247\dfrac{8}{2}$ de $849\dfrac{2}{9}$

Soustrayez $\dfrac{8}{13}$ de 33.

Soustrayez $0,49$ de $\dfrac{1}{2}$.

Neuvième Leçon.

3° MULTIPLICATION DES FRACTIONS.

199. On peut avoir à multiplier une fraction par un entier; un entier par une fraction; une fraction par une autre; un nombre fractionnaire par un autre, ou par une fraction ou par un entier.

Pour multiplier une fraction par un entier, on multiplie le numérateur par l'entier, et on divise le résultat par le dénominateur en le laissant sous forme fractionnaire, si on veut.

$$\text{Ainsi } \frac{5}{7} \times 8 = \frac{5 \times 8}{7} = \frac{24}{7} = 3\frac{5}{7}.$$

En effet, multiplier $\frac{5}{7}$ par 8, c'est ajouter 8 fois cette fraction à elle-même, ou la rendre 8 fois plus forte (173).

Scolie. 1° Si le dénominateur de la fraction était multiple du nombre entier, on pourrait diviser le dénominateur par l'entier, et le résultat serait le même.

$$\text{Par exemple, } \frac{3}{8} \times 4 = \frac{3 \times 4}{8} = \frac{12}{8}.$$

$$\text{Mais on aurait aussi } \frac{3}{8} \times 4 = \frac{3}{8 : 4} = \frac{3}{2}.$$

$$\text{Et je dis que } \frac{12}{8} = \frac{3}{2}.$$

Remarquez, en effet, que puisque 8 est multiple de 4, en multipliant le numérateur par 4, ce facteur va se trouver dans les deux termes, et pourrait être retranché sans changer la valeur de la fraction. C'est, en effet, ce qui existe dans $\frac{12}{8}$.

Scolie. 2° Si le dénominateur était égal à l'entier, la multiplication serait faite en effaçant ce dénominateur. Ainsi, soit proposé de multiplier $\frac{3}{4}$ par 4; on aura $\frac{3}{4} \times 4 = 3$.

Car $\frac{3}{4}$ est le quotient de 3 divisé par 4, et si on multiplie le quotient par le diviseur, on retrouve le dividende.

200. Pour multiplier un entier par une fraction, on multiplie l'entier par le numérateur, et on laisse au produit le même dénominateur.

Ainsi $8 \times \dfrac{3}{7} = \dfrac{8 \times 3}{7} = \dfrac{24}{7}$.

Ce résultat, considéré d'une manière absolue, est évidemment le même que le précédent, et il devait l'être, puisqu'il n'y a de changé que l'ordre des facteurs. Cependant ce produit, considéré par rapport au multiplicande 8, n'offre pas l'idée d'augmentation que le mot *multiplier* semble emporter avec lui, puisque $\dfrac{24}{7}$ est < 8.

Mais si on réfléchit que $\dfrac{3}{7}$ est lui-même plus petit que 1, et si l'on se rappelle la définition générale de la multiplication (50), on verra que le produit $\dfrac{24}{7}$ est celui que nous devons avoir. En effet, puisque $\dfrac{3}{7}$ est le septième de 1 répété 3 fois, $\dfrac{24}{7}$ est le septième de 8 répété 3 fois. Or, le septième de $8 = \dfrac{8}{7}$, et cette expression répétée 3 fois égale bien $\dfrac{8 \times 3}{7} = \dfrac{24}{7}$.

Le produit d'un entier par une fraction n'est donc qu'une certaine fraction de cet entier; ainsi, multiplier un nombre par $\frac{1}{2}$, c'est en prendre la moitié; le multiplier par $\frac{1}{4}$, c'est en chercher d'abord le quart et le répéter trois fois, etc.

Scolie. Quand le dénominateur est multiple de l'entier, on peut effectuer la multiplication de ce dernier en supprimant ce facteur dans le dénominateur.

Soit $4 \times \dfrac{3}{8}$, au lieu d'écrire $\dfrac{4 \times 3}{8}$, on peut écrire $\dfrac{3}{8 : 4} = \dfrac{3}{2}$.

Même démonstration que pour le scolie précédent.

8

201. Pour multiplier une fraction par une autre, on forme le produit des numérateurs entre eux, et on le divise par celui des dénominateurs.

$$\text{Ainsi } \frac{3}{4} \times \frac{7}{9} = \frac{3 \times 7}{4 \times 9} = \frac{21}{36} = \frac{3}{12}$$

Car, d'après ce qui précède, la question revient à prendre 7 fois le neuvième de $\frac{3}{4}$.

Or, le neuvième de $\frac{5}{4} = \frac{5}{4 \times 9}$, et 7 fois $\frac{3}{4 \times 9} = \frac{3 \times 7}{4 \times 9}$; ce qui justifie le procédé opératoire.

Le produit $\frac{7}{12}$ est donc une partie de fraction, ou, comme on dit, une *fraction de fraction*.

Ou bien on pourrait dire : si $\frac{21}{4}$ est le produit de $\frac{3}{4} \times 7$, un nombre 9 fois plus petit que 7 ne peut donner qu'un produit 9 fois moindre, ou bien $\frac{21}{4 \times 9}$; et supprimant le facteur 3, commun aux deux termes, il reste $\frac{7}{12}$.

Scolie. Quand les deux fractions ont un facteur commun à leurs deux termes contraires, on peut de suite supprimer ce facteur.

Ainsi, au lieu d'écrire $\frac{3 \times 4}{4 \times 9}$ on aurait simplifié de suite le résultat en supprimant le facteur 3 qui se trouve dans le numérateur de l'une et dans le dénominateur de l'autre, et il serait resté $\frac{1 \times 7}{4 \times 3} = \frac{7}{12}$.

202. Quand l'un des facteurs donnés sera un nombre fractionnaire, l'opération se fera de même. On convertira l'entier et la fraction en une seule expression, et le numérateur sera multiplié ensuite par l'autre facteur donné.

Ainsi, $3\,\dfrac{5}{6} \times \dfrac{7}{8} = \dfrac{23}{6} \times \dfrac{7}{8} = \dfrac{161}{48}$.

Si les deux facteurs sont composés d'entiers et de fractions, on les réduit l'un et l'autre en une seule expression fractionnaire, et on opère comme ci-dessus.

Ainsi : $47\,\dfrac{2}{5} \times 18\,\dfrac{7}{12} = \dfrac{(47 \times 5)+2}{5} \times \dfrac{(18 \times 12)+7}{12}$

$= \dfrac{141 \div 2}{5} \times \dfrac{216+7}{12} = \dfrac{145 \times 225}{5 \times 12} = \dfrac{51889}{56},$

expression dont on peut extraire les entiers.

203. Lorsqu'on a un nombre décimal à multiplier par une fraction, ou bien une fraction par un nombre décimal, on opère sur ce nombre décimal comme sur un entier, et au produit on rétablit les chiffres décimaux négligés.

Soit $3,07 \times \dfrac{5}{5}$,

On aura $\dfrac{5,07 \times 5}{5} = \dfrac{9,21}{5} = 1,842.$

Soit encore $\dfrac{6}{7} \times 0,03.$

On aura $\dfrac{6 \times 0,03}{7} = \dfrac{0,18}{7} = 0,025714285714.$

La théorie de ces cas est facile à comprendre.

DES FRACTIONS DE FRACTIONS.

204. On appelle *fraction de fraction* le produit de plusieurs fractions entre elles, c'est-à-dire multipliées les unes par les autres.

Nous venons de voir que multiplier $\frac{?}{?}$ par $\frac{?}{?}$ c'est comme si on cherchait les $\frac{?}{?}$ de $\frac{5}{7}$ ou les $\frac{5}{7}$ de $\frac{?}{?}$.

D'après cela, chercher les $\frac{?}{?}$ des $\frac{?}{?}$ de $\frac{?}{?}$ revient à prendre les $\frac{5}{4}$ de $\frac{2}{3}$ et multiplier ce produit par $\frac{1}{6}$; en effet, le quart de $\frac{2}{3} = \frac{2}{5 \times 4}$, et les $\frac{5}{4}$ seront $\frac{2 \times 5}{5 \times 4}$;

mais le sixième de ce produit sera $\frac{2 \times 5}{5 \times 4 \times 6}$; donc

cinq fois ce sixième $= \frac{2 \times 5 \times 5}{3 \times 4 \times 6}$.

Par conséquent, prendre une fraction donnée de plusieurs autres fractions, revient à les multiplier toutes entre elles, numérateur par numérateur, et à diviser le résultat par le produit des dénominateurs.

Quand on a à évaluer une suite de fractions de fractions, il faut écrire d'abord tous les facteurs des deux termes afin de retrancher de suite ceux qui peuvent être communs; de cette manière, on évite des opérations inutiles.

Soit $\dfrac{5 \times 6 \times 4 \times 7 \times 3 \times 24}{8 \times 7 \times 5 \times 8 \times 4}$;

Retranchant d'abord les facteurs évidemment égaux, qui sont : 5, 7, 4 :
$$\frac{6 \times 3 \times 24}{8 \times 8}$$

Mais 8 est facteur dans 24 et 2 est commun à 6 et à 8; supprimant encore ces deux facteurs, j'ai $\dfrac{3 \times 5 \times 3}{4}$

$= \dfrac{27}{4} = 6\dfrac{3}{4}$.

N. B. Dans la solution des problèmes, et pour le cas de nombres fractionnaires, comme pour celui des fractions, nous aurons souvent recours à ce mode de réduction, parce qu'il est fondé sur une théorie exacte, et qu'il simplifie beaucoup les calculs.

Dixième Leçon.

4° DIVISION DES FRACTIONS.

On peut avoir à diviser une fraction par un entier ; un entier par une fraction ; une fraction par une autre ; un nombre fractionnaire par un autre ou par une fraction. L'opération s'indique par deux points (:).

205. Pour diviser une fraction par un entier, on multiplie le dénominateur par l'entier, et on laisse le même numérateur.

Ainsi $\dfrac{5}{4} : 4 = \dfrac{5}{7 \times 4} = \dfrac{5}{28}$.

La fraction est rendue quatre fois plus petite, puisque le dénominateur devient quatre fois plus fort sans qu'on change rien au numérateur (n° 174).

Scolie. 1° Si le numérateur était un multiple de l'entier proposé comme diviseur de la fraction, on diviserait ce numérateur sans rien changer au dénominateur.

Soit $\dfrac{10}{15} : 5$; on aura $\dfrac{10 : 5}{15} = \dfrac{2}{15}$.

Ce qui simplifie de suite le résultat, en évitant d'introduire au dénominateur un facteur déjà contenu dans le numérateur, et qui, dès lors, devrait être supprimé dans tous les deux.

Scolie. 2° Si le numérateur était égal à l'entier, la division serait faite en donnant l'unité pour numérateur au même dénominateur.

Ainsi $\dfrac{5}{7} : 5 = \dfrac{1}{7}$. Même démonstration.

206. Pour diviser un entier par une fraction, il faut multiplier l'entier par le dénominateur, et diviser le produit par le numérateur.

Soit donc $12 : \dfrac{5}{7}$; on aura $\dfrac{12 \times 7}{5} = \dfrac{84}{5} = 16\ \dfrac{4}{5}$.

On voit que le quotient est plus fort que le dividende, et on peut faire à ce sujet une remarque analogue à celle que nous avons faite à propos de la multiplication d'un entier par une fraction, c'est que le mot *division* appliqué aux fractions n'emporte pas, comme dans les entiers, l'idée de diminution.

Mais en réfléchissant que $\frac{5}{7}$ est < 1, et en se reportant à l'idée générale de la division, on voit que le quotient $\frac{84}{5}$ est celui qu'on doit avoir. Quand le dividende reste le même, le diviseur et le quotient sont toujours en raison inverse l'un de l'autre (88). Supposons donc que le diviseur eût été 5, on aurait eu $\frac{12}{5}$; mais puisque 5 est 7 fois plus grand que $\frac{5}{7}$, le quotient $\frac{12}{5}$ est 7 fois trop petit; donc $\frac{12 \times 7}{5}$ est le quotient vrai.

Scolie. Si le numérateur était sous-multiple de l'entier, **on** simplifierait l'opération en multipliant de suite l'autre facteur de l'entier par le dénominateur.

Soit $12 : \frac{6}{7}$.

On voit que 6 est facteur de 12; multipliant de suite l'autre facteur 2 par 7, on a le quotient . . . . . $2 \times 7 = 14$.

Par l'opération ordinaire, on aurait $\frac{12 \times 7}{6}$; et, supprimant le facteur commun 6, il resterait $\frac{2 \times 7}{1} = 14$; et ce dernier temps d'opération n'a pas eu lieu dans le procédé qui précède.

207. Pour diviser une fraction par une autre, on multiplie le numérateur de la fraction dividende par le dénominateur de la fraction diviseur, et on divise le résultat

par le produit du dénominateur de la première multiplié par le numérateur de la seconde.

Ainsi, soit $\dfrac{5}{7} : \dfrac{5}{8}$, il vient $\dfrac{5 \times 8}{7 \times 5} = \dfrac{24}{35}$.

En effet, si le diviseur était 5, le quotient serait $\dfrac{3}{7 \times 5}$; mais comme 5 est 8 fois plus grand que $\dfrac{5}{8}$, le quotient est 8 fois trop petit. Je le rends donc à sa valeur exacte en le multipliant par 8, ce qui donne $\dfrac{5 \times 8}{7 \times 5}$.

208. Quand un des termes de la division est un nombre entier joint à une fraction, on les réduit l'un et l'autre à une seule expression fractionnaire.

Si les deux termes sont composés d'entiers et de fractions, on les ramène chacun à une expression fractionnaire. Dans les deux cas, les nombres fractionnaires seront considérés comme de simples fractions, et l'opération restera la même que dans les cas précédents, ainsi que la théorie.

Soit $8 \dfrac{1}{4}$ à diviser par $3 \dfrac{2}{5}$; c'est comme si on

avait $\dfrac{33}{4} : \dfrac{17}{5} = \dfrac{33 \times 5}{4 \times 17} = \dfrac{165}{68} = 2 \dfrac{29}{68}$.

209. La division d'un nombre décimal par une fraction, et réciproquement, d'une fraction par un nombre décimal, n'offre rien de particulier. On opère sur le nombre décimal comme sur des entiers, mais au résultat on rétablit les chiffres décimaux que l'on avait négligés.

Ainsi $8,32 : \dfrac{}{4} = \dfrac{8,32 \times 4}{3} = \dfrac{33,28}{3} = 11,0933$.

De même $\dfrac{2}{3} : 0,08 = \dfrac{2}{0,24}$.

Mais $\dfrac{2}{0,24} = 2 : \dfrac{24}{100} = \dfrac{200}{24} = \dfrac{50}{6} = \dfrac{25}{3}$;

et effectuant cette dernière division, on trouve $8\ \dfrac{1}{3}$.

On obtiendrait le même résultat en convertissant d'a-bord la fraction décimale en fraction ordinaire, on aurait :

$$\dfrac{2}{3} \ : \ \dfrac{8}{100} = \dfrac{200}{24} \ \text{....... etc.}$$

Scolie. Si , après que les deux termes de la fraction diviseur auront multiplié chacun le terme opposé de la fraction divi-dende, on aperçoit que le numérateur et le dénominateur du produit ont des facteurs communs, on peut de suite les sup-primer, pour simplifier le résultat.

Soit $\dfrac{5}{8} : \dfrac{5}{6}$,

On aura $\dfrac{5 \times 6}{8 \times 5}$; et, supprimant les facteurs 5 et 2 communs

aux deux termes, il reste $\dfrac{3}{4}$.

Onzième Leçon.

5° CARRÉS ET CUBES DES FRACTIONS.

210. Pour élever une fraction à sa puissance carrée ou cubique, on élève ses deux termes à la puissance de-mandée. On indique la puissance en enfermant la frac-tion entre deux crochets, et écrivant l'exposant 2 ou 3 à droite.

Ainsi $\left(\dfrac{3}{5}\right)^2 = \left(\dfrac{3 \times 3}{5 \times 5}\right) = \dfrac{9}{25}$;

$\left(\dfrac{3}{5}\right)^3 = \left(\dfrac{3}{5}\right)^2 \times \left(\dfrac{3}{5}\right) = \dfrac{27}{125}$.

La formation de ces puissances n'offre donc rien de particulier (V. 67).

§ 6° EXTRACTION DES RACINES CARRÉES ET CUBIQUES DES FRACTIONS.

211. On extrait la racine carrée ou cubique d'une fraction en opérant séparément sur le numérateur et sur le dénominateur. Mais l'extraction ne sera possible exactement qu'autant que les deux termes seront des carrés ou des cubes parfaits. Alors l'opération n'offrira pas d'autres préceptes que ceux déjà donnés (V. 114, 126). La racine trouvée sera une fraction dont le numérateur sera la racine du numérateur, et le dénominateur la racine du dénominateur.

Ainsi
$$\sqrt{\frac{25}{64}} = \frac{\sqrt{25}}{\sqrt{64}} = \frac{5}{8}.$$

De même
$$\sqrt[3]{\frac{64}{343}} = \frac{\sqrt[3]{64}}{\sqrt[3]{343}} = \frac{4}{7}.$$

Mais si la fraction n'est point un carré ou un cube parfait, les deux termes ne sont pas des puissances exactes. Alors la racine ne pourra être extraite que d'une manière approchée.

Distinguons les deux racines.

Supposons d'abord qu'il s'agisse d'évaluer approximativement la $\sqrt{}$ carrée de $\frac{3}{4}$, on aura :

$$\sqrt{\frac{3}{4}} = \frac{\sqrt{3}}{\sqrt{4}} = \frac{\sqrt{3}}{2} \; ; \text{ et comme 3 n'est pas un}$$

carré parfait, on extrait sa racine à un certain ordre de décimales près; par exemple, à 1 centième ; or $\sqrt{}$ 3 évaluée en centièmes = 1,73..... (123).

Donc $\sqrt{\frac{3}{4}}$ évaluée à 1 centième près $= \frac{1,73}{2} = 0,865$.

8.

En effet, 0,865 élevé au carré = 0,748225, ou négligeant les 4 derniers chiffres = 0,75 ; or, 0,75 = $\frac{1}{4}$.

Quand le dénominateur ne sera pas un carré, on ramènera la fraction à cet état en multipliant ses deux termes par le dénominateur lui-même ; de cette manière, la fraction n'aura pas changé de valeur, puisque ses deux termes auront été multipliés par un même nombre, et le dénominateur en se multipliant lui-même sera élevé au carré.

Cette transformation étant effectuée, l'évaluation se fera comme il vient d'être dit.

Soit à chercher la $\sqrt{\ }$ de $\frac{7}{12}$, il viendra :

$$\sqrt{\frac{7}{12}} = \sqrt{\frac{7 \times 12}{12 \times 12}} = \frac{\sqrt{84}}{12}.$$

Or, $\sqrt{84}$ évaluée à 0,001 près = 9,165.

Donc $\sqrt{\frac{7}{12}} = \frac{9,165}{12}$ à 0,001 près = 0,7637...

212. Pour évaluer approximativement la $\sqrt{\ }$ cubique, on rendra le dénominateur un cube parfait en multipliant les deux termes de la fraction par le carré de ce dénominateur lui-même. Après avoir extrait la $\sqrt{\ }$ du numérateur ainsi transformé, on divisera le résultat par le dénominateur de la fraction donnée.

Soit $\sqrt[3]{\frac{5}{8}}$; dans ce cas le dénominateur est un

cube, on a donc $\sqrt[3]{\frac{5}{8}} = \frac{\sqrt[3]{5}}{\sqrt[3]{8}} = \frac{\sqrt[3]{5}}{2}$.

Et $\sqrt[3]{5}$ évaluée à 0,01 près = 1,73.

Donc $\sqrt[3]{\frac{5}{8}} = \frac{1,73}{2} = 0,865$ à 1 centième près.

Soit encore $\sqrt[3]{\dfrac{2}{7}}$; comme 7 n'est point un cube,

on aura $\sqrt[3]{\dfrac{2}{7}} = \dfrac{\sqrt[3]{2 \times 49}}{\sqrt[3]{7 \times 49}} = \dfrac{\sqrt[3]{98}}{7}$.

Or, $\sqrt[3]{98}$ évaluée à 0,1 près $= 4,3$.

Donc $\sqrt[3]{\dfrac{2}{7}} = \dfrac{4,3}{7} = 0,61\ldots$ à 0,01 près.

Douzième Leçon.

APPLICATION DE L'ARITHMÉTIQUE AU CALCUL DES FRACTIONS.

N. B. Comme nous supposons ici les élèves suffisamment exercés par la théorie et par la solution de problèmes sur les nombres entiers et décimaux, nous ne donnerons que des solutions formulées, négligeant tous les calculs intermédiaires, et raisonnant sur une suite de formules.

Les élèves devront trouver eux-mêmes les valeurs inconnues et vérifier les raisonnements par les calculs, en substituant la valeur trouvée dans les formules.

1er PROBLÈME. — Les deux tiers d'un nombre égale 46 ; quel est ce nombre ?

Le tiers d'un nombre ne doit être que la moitié de ses deux tiers ; et si les $\dfrac{2}{3} = 46$, le $\dfrac{1}{3} = \dfrac{46}{2}$.

Donc les $\dfrac{3}{3}$ ou le nombre $= \dfrac{46}{2} \times 3 = \dfrac{46 \times 3}{2} = x$.

2e PROBLÈME. — Combien reste-t-il à une pièce d'étoffe de 8 aunes $\frac{1}{7}$, quand on en ôte 2 aunes $\frac{1}{7}$?

La différence de la pièce entière au morceau coupé est la longueur du reste, d'où $8\frac{3}{7} - 2\frac{5}{9} = x$.

3e PROBLÈME. — Sur une pièce de toile qui mesurait 47 aunes $\frac{3}{5}$, on a ôté une fois 10 aunes $\frac{4}{5}$; une seconde fois 5 aunes $\frac{3}{10}$; une autrefois 7 aunes $\frac{3}{4}$. Combien reste-t-il ?

Il reste $47\frac{3}{5} - (10\frac{4}{5} + 5\frac{3}{10} + 7\frac{3}{4}) = x$.

4e PROBLÈME. — Un quart de la somme que j'ai multiplié par $\frac{2}{3}$ donne 3 francs $\frac{1}{3}$; quelle somme ai-je ?

Supposons que 1 franc soit la somme inconnue, le $\frac{1}{4} \times \frac{2}{3}$ serait $\frac{1}{6}$ de franc ; mais d'après la question, le $\frac{1}{6}$ de la somme $= 5\frac{1}{3} = \frac{10}{3}$ de franc ; donc la somme entière, ou $\frac{6}{6} = \frac{10}{3} \times 6 = x$.

5e PROBLÈME. — Un écolier disait à son camarade : j'ai dépensé les $\frac{2}{3}$ des $\frac{3}{4}$ plus $\frac{1}{2}$ des $\frac{5}{6}$ de ce que j'avais dans ma bourse ; il me reste encore 5 centimes. Dis-moi ce que j'avais et je te régale.

Les $\dfrac{2}{3}$ des $\dfrac{3}{4} = \dfrac{2 \times 3}{3 \times 4}$; la $\dfrac{1}{2}$ des $\dfrac{5}{6} = \dfrac{1 \times 5}{2 \times 6}$.

Donc $\dfrac{2 \times 3}{3 \times 4} + \dfrac{1 \times 5}{2 \times 6} =$ en simplifiant, $\dfrac{1}{2} + \dfrac{5}{12} = \dfrac{11}{12}$.

Or, si on suppose 1 la somme possédée, $\frac{11}{12}$ serait égal à 1 ; mais puisque $\frac{1}{12}$ qui reste $= 0,05$, $\frac{11}{12} = 0,05 \times 12 = x$.

6e PROBLÈME. — Les $\frac{11}{12}$ d'une somme $= 1320$; quel est le dixième de cette somme ?

$\dfrac{1}{12}$ de 1320 sera $= \dfrac{1320}{11}$; donc la somme entière sera $\dfrac{1320 \times 12}{11}$, et le dixième de cette somme sera $\dfrac{1320 \times 12}{11 \times 10}$; et supprimant les facteurs 10 et 11 communs aux deux termes, il reste $12 \times 12 = x$.

7º PROBLÈME. — Par quel nombre faut-il multiplier 25 pour le diminuer des $\frac{3}{4}$?

Diminuer un nombre des $\frac{3}{4}$, c'est le ramener au quart de sa valeur, et, pour le réduire au quart de sa valeur, il faudrait le diviser par 4 ; mais $4 = \frac{4}{1}$.

Et, comme diviser un nombre par l'expression $\frac{4}{1}$ revient à le multiplier par $\frac{1}{4}$ (*Voy.* 206), le multiplicateur cherché $= \frac{1}{4}$. Donc $x = 25$ diminué des $\frac{3}{4}$.

8º PROBLÈME. — Par quel nombre faut-il diviser 25 pour le rendre deux fois et demie plus grand ?

Rendre un nombre deux fois et demie plus grand qu'il n'est, c'est le multiplier par $2\frac{1}{2}$ ou par $\frac{5}{2}$; mais multiplier un nombre par $\frac{5}{2}$ revient à le diviser par $\frac{2}{5}$; donc le diviseur sera $\frac{2}{5}$, et la valeur de 25 sera alors égale à...... x.

9º PROBLÈME. — Combien faudra-t-il d'aunes de de toile à $\frac{3}{4}$ de large pour doubler 38 aunes de drap à $\frac{5}{7}$ de large.

Pour que la toile double le drap, il faut que les surfaces des deux tissus soient égales ; or, le drap ayant $\frac{5}{7}$ de large, 1 aune de long ou $\frac{8}{8}$ = en surface $\frac{5}{7} \times \frac{8}{8} = \frac{40}{56}$, et la surface totale du coupon de drap égale 58 fois $\frac{30}{56} = \frac{58 \times 30}{56}$; la toile n'ayant que $\frac{3}{4}$ ou $\frac{27}{36}$, le quotient de $\frac{58 \times 30}{56}$ par $\frac{27}{36}$ sera le nombre d'aunes de toile nécessaires ; d'où la formule :

$$\frac{58 \times 30}{56} : \frac{27}{36} = \frac{58 \times 30 \times 36}{56 \times 27} = x.$$

10º PROBLÈME. — Un pauvre vieillard quitte sa chaumière, et pour aller à sa nouvelle demeure, il a 14 lieues à faire. Il marche quatre heures par jour, et dans une demi-heure il fait $\frac{7}{60}$ de lieues. — Combien sera-t-il de temps en chemin ?

14 lieues réduites en 60ᵉˢ de lieue $= \frac{14 \times 60}{60}$; le vieillard

marche 8 demi-heures, et fait en un jour 8 fois $\dfrac{7}{60}$, ou $\dfrac{8 \times 7}{60}$;

donc pour faire $\dfrac{14 \times 60}{60}$, il mettra un temps égal à $\dfrac{14 \times 60}{60}$:

$\dfrac{8 \times 7}{60} = \dfrac{14 \times 60 \times 60}{60 \times 8 \times 7}$; et supprimant les facteurs 60, 7, 4 et 2 communs aux deux termes, il reste la valeur de x.

Treizième Leçon.

PROBLÈMES RÉSOLUS

EN RAISONNANT COMME SUR LES FRACTIONS.

11ᵉ PROBLÈME. — Pour 84 francs on a eu 7 mètres d'étoffe; combien en aurait-on pour 210 francs?

Si 7 mètres coûtent 84 francs, 1 mètre coûte $\frac{84}{7}$ francs; et autant $\frac{84}{7}$ sera contenu de fois dans 210, autant on aura de mètres; car c'est le prix d'un mètre qui, répété autant de fois qu'il y a de mètres, a produit 210 francs; d'où la formule :

$$510 : \frac{84}{7} = \frac{210 \times 7}{84} = x.$$

12ᵉ PROBLÈME. — 62 mètres ont été payés 155 francs; 15 mètres ont été vendus 45,25 fr.; combien a-t-on gagné par mètre?

À 155 francs les 62 mètres, 1 mètre coûte $\dfrac{155}{62}$; à 44,25 fr. les 15 mètres, 1 mètre est vendu $\dfrac{44,25}{15}$.

Donc sur 1 mètre on doit gagner $\dfrac{44,25}{15} - \dfrac{155}{62} = x.$

13ᵉ PROBLÈME. — Je triple un nombre; je multiplie le produit d'abord par $\frac{1}{2}$, puis par 8, et le tiers du dernier résultat $= 32$; quel est ce nombre?

Soit 1 ce nombre, le triple $= 1 \times 3$; $1 \times 3 \times \dfrac{1}{2}$ donne

$\dfrac{1 \times 3 \times 1}{2}$. Ce résultat $\times 8 = \dfrac{1 \times 3 \times 1 \times 8}{2}$, et le $\dfrac{1}{3}$ de ce

dernier $= \dfrac{1 \times 3 \times 1 \times 8}{2 \times 3} = 4$; mais, d'après la question,

32 est le reste, et 32 est 8 fois plus grand que 4 ; donc le nombre cherché doit être 8 fois plus grand que 1.

14e PROBLÈME. — La tenture d'une salle de 25 pieds de longueur sur 15 de largeur et 10 de hauteur a coûté 750 fr. ; combien devra-t-on payer pour une autre salle de 30 pieds de long sur 10 de large et 14 de hauteur ?

Une salle a ordinairement la forme d'un carré long, dont la surface s'évalue en multipliant la hauteur par la largeur, d'une part, et la hauteur par la longueur, d'autre part ; et, comme les quatre faces peuvent être supposées égales deux à deux, on aura la surface totale en doublant les deux résultats et en faisant la somme des deux produits. Cela posé :

La première salle a en pieds carrés une surface de (25×10) $+ (15 \times 10) \times 2 = (250 + 150) \, 2$;

La seconde salle a en pieds carrés une surface de (30×14) $+ (24 \times 14) \times 2 = (420 + 336) \, 2$.

Or, un pied carré de la première a coûté $\dfrac{750}{(250 + 150) \, 2}$;

par conséquent on paiera pour la seconde $\dfrac{750}{(250 + 150) \, 2}$

$\times (420 + 336) \, 2 = \dfrac{750 \times (420 + 336) \, 2}{(250 + 150) \, 2} = x.$

15e PROBLÈME. — Je cède à un de mes amis les trois quarts d'un coupon de drap à 80 fr. l'aune, mesurant $\dfrac{7}{8}$ d'aune ; combien devra-t-il me rembourser, et combien me restera-t-il de drap ?

À 80 fr. l'aune, $\dfrac{1}{8}$ coûte $\dfrac{80}{8}$ et $\dfrac{7}{8}$ coûtent $\dfrac{80 \times 7}{8}$; la part

cédée $=$ les $\dfrac{3}{4}$ de $\dfrac{7}{8} = \dfrac{3 \times 7}{4 \times 8}$; le prix de la part cédée $=$

$\dfrac{80 \times 7}{8} \times \dfrac{3}{4}$, et il me reste $\dfrac{7}{8} - \left(\dfrac{7 \times 3}{8 \times 4} \right) = \ldots\ldots$, etc.

184 APPLICATION DE L'ARITHMÉTIQUE

16ᵉ PROBLÈME. — Une marchande a acheté plusieurs paniers de poires. Après les avoir comptées, elle calcule qu'elle les a payées à raison de 7 pour 5 centimes. Elle les revend à 6 pour 7 centimes et gagne 14 fr. 4 centimes sur son marché ; combien y avait-il de poires dans le panier ?

A 7 pour 5 centimes, 1 poire coûte $\frac{5}{7}$ de centime ; à 6 pour 7 centimes, 1 poire est vendue $\frac{7}{6}$ de centime ; donc sur une poire la revendeuse gagne $\frac{7}{6} - \frac{5}{7}$ de centime, et le nombre total des poires $= 14,04$ fr. divisé par $\left(\frac{7}{6} - \frac{5}{7}\right) = 0,1404 :$
$\left(\frac{7}{6} - \frac{5}{7}\right) = x.$

17ᵉ PROBLÈME. — Trois fontaines coulent dans un réservoir ; la 1ʳᵉ mettrait 5 heures à le remplir à elle seule ; la 2ᵉ en mettrait 6, et la 3ᵉ en mettrait 10. Combien de temps mettraient-elles à le remplir si elles coulaient toutes trois ensemble ?

Puisque la première fontaine coulerait 5 heures pour remplir le réservoir, en 1 heure elle n'en remplirait que $\frac{1}{5}$;
Par la même raison la deuxième en 1 heure remplirait le $\frac{1}{6}$.
Et la troisième le $\frac{1}{10}$.
Donc en 1 heure, toutes trois coulant à la fois, fourniraient $\frac{1}{5}, + \frac{1}{6}, + \frac{1}{10}$ du réservoir, ou bien $\frac{6}{30} + \frac{5}{30} + \frac{3}{30} = \frac{14}{30}$.
En appelant 1 la capacité du bassin, ou $\frac{30}{30}$, autant 14 sera contenu dans 30, autant il faudra d'heures pour le remplir ; ainsi $\frac{30}{14} = 2$ heures $\frac{1}{7}$.

18ᵉ PROBLÈME. — Deux fontaines coulant ensemble dans le même bassin le rempliraient en 5 heures. Mais un robinet de décharge fait perdre par heure $\frac{1}{11}$ du bassin. Ce bassin étant vide, et les trois robinets ouverts en même temps, combien faudra-t-il de temps pour l'emplir ?

Représentons la capacité du bassin par $1 = \dfrac{12}{12}$; les fontaines en remplissant $\dfrac{1}{5}$ ou bien $\dfrac{1 \times 12}{5 \times 12} = \dfrac{12}{60}$, et le robinet de perte en ôtant $\dfrac{1}{12}$, il reste, au bout d'une heure, une quantité d'eau $= \left(\dfrac{12}{60} - \dfrac{1}{12} \right) = \left(\dfrac{12}{60} - \dfrac{5}{60} \right) = \dfrac{7}{60}.$

Au bout de 2 heures il restera le double, ou $\dfrac{14}{60}$; au bout de 8 heures le triple, ou $\dfrac{21}{60}$..... Enfin, la contenance $\dfrac{60}{60}$ sera obtenue en un temps égal à $\dfrac{60}{7} = 8 \, \dfrac{4}{7}$ heures.

2e Solution. En 5 heures le robinet de perte viderait $\dfrac{7}{12}$ du bassin, et comme les fontaines dans le même espace de temps ont fourni $\dfrac{12}{12}$, il reste au bout des 5 heures $\dfrac{12}{12} - \dfrac{5}{12} = \dfrac{7}{12}.$

Donc en 1 heure il ne reste que le $\dfrac{1}{5}$ de $\dfrac{7}{12}$ ou $\dfrac{7}{60}$, et il faudra un nombre d'heures égal à $\dfrac{60}{7} = 8 \, \dfrac{4}{7}$ heures pour le remplir en totalité.

Quatorzième Leçon.

DES NOMBRES COMPLEXES.

N. B. Nous donnerons d'abord un exposé rapide des anciennes mesures les plus communes, auxquelles le calcul des *nombres complexes* (n° 219) était appliqué, et ensuite nous donnerons les procédés d'opérations, en les simplifiant par le calcul des nombres fractionnaires. (*Voy.* l'Avant-Propos.)

ARTICLE Ier. — ANCIENNES MESURES.

Mesures de longueur.

213. L'unité des mesures de longueur était la TOISE.

La toise se subdivisait en six parties égales nommées *pieds*.

Le pied valait 12 *pouces*, le pouce 12 *lignes*, et la ligne 12 *points*.

Donc : $\begin{cases} \text{1 toise} = \text{6 pieds} = \text{72 pouces} = \text{864 lignes.} \\ \text{1 pied} = \text{12 pouces} = \text{144 lignes.} \end{cases}$

Ces mesures de longueur se notaient ainsi :

1 T.   **3** PI.   **8** P.   **5** L.   **10** PO. signifiant
1 toise, 3 pieds, 8 pouces, 5 lignes, 10 points.

Les autres mesures linéaires étaient : l'*aune* pour les étoffes ; la *perche,* qui variait de 18 à 22 pieds, selon les pays, pour mesurer les petites distances.

La mesure itinéraire était *la lieue,* qui se partageait en *demies* et en *quarts.* Elle était de quatre sortes :

La lieue de poste = 2000 toises ;

La lieue géographique = 2280 toises ;

La lieue marine = 2350 toises ;

La lieue moyenne = 2250 toises.

Mesures de superficie.

214. Pour les *petites surfaces* on comptait par TOISE CARRÉE, *pied carré, pouce carré, ligne carrée.*

Or, 1 toise carrée était égale en surface à 36 pieds carrés ; le pied carré était égal à 144 pouces carrés ; le pouce carré à 144 lignes carrées. Donc :

1 toise carrée = 36 pieds carrés = $36 \times 144 =$ 5184 pouces carrés, $= 5184 \times 144 = 746496$ lignes carrées.

1 pied carré $= 144 \times 144 = 20736$ lignes carrées.

Ces mesures se notaient ainsi :

28 T. Q.   **30** PI. Q.   **127** P. Q.   **90** L. Q. signifiaient
28 toises carr. 30 pieds carr. 127 pouces. carr. 90 lignes carr.

Pour les *mesures agraires* on comptait par *perche* et par *arpent*; l'un et l'autre étaient des carrés.

La perche carrée de Paris avait 18 pieds de côté, ou $18 \times 18 = 324$ pieds carrés, en surface. *La perche des eaux et forêts* avait 22 pieds de côté, et son carré valait $22 \times 22 = 484$ pieds carrés.

L'arpent de Paris, comme celui des eaux et forêts, valait 100 perches carrées; mais la surface en pieds carrés ne devait pas être la même pour tous deux.

Mesures de volume.

215. Elles avaient pour unité la TOISE CUBE $= 6 \times 6 \times 6 = 216$ *pieds cubes.*

Le pied cube valait $12 \times 12 \times 12 = 1728$ *pouces cubes*; donc une toise cube $= 1728 \times 216 = 373248$ *pouces cubes.*

Le pouce cube valait $12 \times 12 \times 12 = 1728$ *lignes cubes*; donc le pied cube $= 1728 \times 1728 = 2985984$ lignes cubes, et la toise cube $= 2985984 \times 216 = 644972544$ lignes cubes.

Ces mesures cubiques se désignaient ainsi :

4 T.C.   210 PI.C.   853 P.C.   718 L.C. signifiaient

4 toises cubes 210 pieds cubes 853 pieds cubes 718 lignes cub.

Les bois de charpente se mesuraient à LA SOLIVE.

Une solive était égale à trois pieds cubes, mais elle n'avait pas la forme cubique; elle avait celle d'une pièce de bois équarrie (*parallélipipède*) de 6 pieds de long, sur un pied de large, et six pouces d'épaisseur, ce qui fait bien 3 pieds cubes, car, $6 \times 1 = 6$; et 6 pieds $\times$ 6 pouces ou $\frac{1}{7}$ pied $= 3$. (*V*. n° 200.)

La solive se divisait en 6 *pieds de solive*, le pied de solive en 12 *pouces de solive*, et le pouce de solive en 12 *lignes de solive*. Ces trois subdivisions avaient, en petit, la même forme que leur unité principale.

Le bois de chauffage se mesurait au pied cube. 112 pieds cubes formaient une mesure appelée *corde*. La demi-corde s'appelait *voie.*

Mesures de capacité.

216. Pour les grains et matières sèches on se servait du MUID.

Le muid se subdivisait en 12 *setiers*, et le setier en 12 *boisseaux*; donc 1 muid = 12 $\times$ 12 = 144 boisseaux.

1 boisseau se subdivisait en 12 litrons : donc 1 setier = 144 $\times$ 12 = 1728 litrons, et le muid = 1728 $\times$ 144 = 248832 litrons.

Pour les liquides *le muid* se divisait en 36 veltes, la velte en 8 pintes, et la pinte en 2 chopines. Donc 1 muid = 288 pintes = 576 chopines.

Mesures de pesanteur.

217. L'unité de poids était LA LIVRE, qui se subdivisait en deux *marcs*, le marc en 8 *onces*, l'once en 8 *gros*, le gros en 72 *grains*.

Donc 1 livre = 16 onces = 128 gros = 9216 grains. La marque ordinaire de ces poids était :

42 L.   2 M.   5 O.   3 G.   59 Gr. c'est-à-dire
42 livres 2 marcs 5 onces 3 gros 59 grains.

Un poids de 100 livres s'appelait *quintal* : un poids de 10 quintaux s'appelait *millier*, et le *tonneau*, mesure des navires, pesait 2 milliers; de là vient qu'on dit le *tonnage d'un navire*, pour dire *sa capacité* ou *sa contenance*.

Monnaies.

218. L'unité monétaire était, pour le calcul, LA LIVRE, dite LIVRE TOURNOIS. Mais ce n'était depuis long-temps qu'une unité fictive; aucune pièce de monnaie n'était le signe réel de cette valeur. La livre se partageait en 20 *sous*, et le *sou* en 12 *deniers*; le *denier* n'avait pas non plus de pièce représentative. C'était la dernière division de l'unité.

Ainsi 1 livre en deniers valait 240.

Les pièces de monnaie d'argent étaient l'écu de 3

livres, l'écu de 6 livres; les pièces de 24, 12 et 6 sous.

Les pièces d'or étaient : le double louis valant 48 livres, et le louis valant 24 livres.

Le titre de ces diverses monnaies variait selon les valeurs. Mais comme elles n'ont plus de cours légal en France, il est inutile de nous y arrêter.

Scolie. Toutes ces mesures ne pouvaient former un système, puisqu'elles n'avaient pas de base fixe à laquelle on pût les rapporter toutes; puisque chacune d'elles variait, et dans son unité, dont le choix dépendait du caprice, et dans ses subdivisions, qui variaient d'un pays à l'autre, d'une commune à une autre, aussi bien que les noms distinctifs.

Quinzième Leçon.

ARTICLE II. — CALCUL DES ANCIENS NOMBRES COMPLEXES.

219. Nous nous bornerons à donner des exemples d'opérations, sans développer aucune raison théorique. D'ailleurs, elles se font toutes d'après les principes généraux exposés pour les entiers et les nombres fractionnaires, en ayant égard aux différentes subdivisions de l'unité principale.

Nous remarquerons d'abord que toutes les opérations que l'on peut faire sur les nombres complexes, peuvent être ramenées à des opérations sur des nombres fractionnaires, quand on sait :

1° *Ramener un nombre complexe à une expression fractionnaire de l'unité principale.* 2° *Ramener l'expression fractionnaire d'une unité de nombre complexe à celle du nombre complexe lui-même.*

220. Soit proposé de convertir 18 toises, 2 pieds, 7 pouces, 8 lignes, en un seul nombre fractionnaire.

D'abord, puisqu'une toise = 6 pieds, 18 t. = $18 \times 6 = 108$ pi.; et en ajoutant les deux pieds donnés, il vient 18 t. 2 pi. = 110 pi.

Mais 1 pied = 12 pouces, donc 110 pi. = 110×12

= 1320 ; et ajoutant les 7 pouces, il vient **18 T. 2 PI. 7 PO.** = 1327 POUCES.

Enfin 1 pouce = 12 lignes ; 1327 pouces égalent donc $1327 \times 12 = 15924$ LI., et ajoutant les 8 lignes, on aura :

$$18 \text{ T.} \quad 2 \text{ PI.} \quad 7 \text{ PO.} \quad 8 \text{ L.} = 15932 \text{ lignes.}$$

Mais une toise convertie en lignes = 864. En divisant 15932 par 864, on retrouverait un nombre de toises = à 18, plus un reste, par conséquent le nombre fractionnaire $\dfrac{15932}{864}$ est bien l'équivalent du nombre donné,

ou..... $\dfrac{15932}{864}$ de toise.

221. Supposons maintenant qu'on nous propose de convertir en un nombre complexe le nombre $\dfrac{15932}{864}$ de toise.

Comme 864 est le nombre de lignes contenues dans une toise, le quotient, en nombre entier, sera le nombre de toises, et en effectuant la division indiquée, on trouve $\dfrac{15932}{864} = 18$ T. $+$ un reste **380.**

Et en se bornant à cette unité principale, on aurait $\dfrac{15932}{864} = 18$ T. $\dfrac{380}{864}$. Cependant, comme l'unité qui suit immédiatement la toise est six fois plus petite qu'elle, en multipliant le reste 380 par 6, on pourrait obtenir un nombre, divisible par 864, dont le quotient serait d'un ordre d'unités six fois plus petites que la toise, c'est-à-dire des pieds. Or, $380 \times 6 = 2280$. Puis divisant, on a $\dfrac{2280}{864} = 2 + 552$ en reste.

Donc on a déjà $\dfrac{15932}{864} = 18$ T. 2 PI. $\dfrac{552}{864}$.

En raisonnant à l'égard de ce reste, comme pour le premier, et le multipliant par 12, on obtiendra un nombre divisible par 864; dont le quotient sera des unités d'un ordre 12 fois plus petit que les pieds, c'est-à-dire des pouces, et on aura :

$$552 \times 12 = 6624.$$

Et $\dfrac{6624}{864} = 7 + 576$ en reste,

d'où il vient : $\dfrac{15952}{864} = 18$ T. 2 PII 7 PO. $\dfrac{576}{864}$

Enfin, et toujours par le même raisonnement, $576 \times 12 = 6912$; et $\dfrac{6912}{864} = 8$ unités 12 fois plus faibles que les précédentes, c'est-à-dire des lignes ; donc $\dfrac{16952}{864} = 18$ T. 2 PI. 7 PO. 8 L.

1re *Scolie*. Nous avons exprès choisi le même nombre que dans l'opération précédente, pour faire mieux apercevoir leur rapport, et prouver que l'une est l'inverse de l'autre.

Si, après toutes les multiplications effectuées sur les restes successifs, on épuisait toutes les subdivisions de l'unité principale, on laisserait le dernier reste sous forme de fraction, réduite à l'expression la plus simple.

Voici le tableau comparatif des deux opérations précédentes.

18 T. 2 P. 7 PO. 8 LI.

Pour conversion en pieds.	6	15952	864 Réduction en toises.
	108	7292	
Ajoutez.	2	580	17 Toises.
	110 pieds.	6	
Pour conversion en pouces.	12	2280	864 Réduction en pieds.
	220	552	2 Pieds.
	110	12	
	1520	1104	
Ajoutez.	7	552	
	1527 pouces.	6624	864 Réduction en pouces.
Pour conversion en lignes.	12	576	7 Pouces.
	2654	12	
	1527	1152	
	15924	576	
Ajoutez.	8	6912	864 Réduction en lignes.
	15952 lignes.	000	8 Lignes.

2e *Scolie.* La conversion en nombre fractionnaire n'a pas besoin d'être poussée au delà de la dernière espèce d'unité écrite.

Par exemple, s'il s'agissait de former le nombre fractionnaire équivalant à 5 toises cubes et 5 pieds cubes, il serait inutile de descendre jusqu'aux pouces cubes. En effet, 1 toise cube égale 216 pieds cubes ; donc le nombre donné égale $\frac{1 1 1}{2 1 6}$ de toise cube.

Seizième Leçon.

APPLICATIONS D'ARITHMÉTIQUE AU CALCUL DES NOMBRES COMPLEXES ANCIENS.

§ 1er. — ADDITION DES NOMBRES COMPLEXES.

PROBLÈME. On veut connaître le poids total de quatre pesées qui ont été faites, savoir : 16 L. 3 m. 7 o. 7 g. 15 gr. $+$ 45 L. 0 m. 7 o. 3 g. 40 gr. $+$ 28 L. 1 m. 4 o. 3 g. 17 gr. $+$ 6 m. 5 o. 0 g. 49 gr.

222. On dispose l'opération de cette manière :

16L.	3M.	7O.	7G.	15Gr.
45	0	7	3	40
28	1	4	3	17
0	6	5	0	49
90	5	0	6	49

Addition faite, on trouve d'abord 121 grains $= 72 + 49$, ou bien un gros plus 49 grains ; puis on trouve 14 gros, c'est-à-dire 1 once 6 gros ; 24 onces $=$ 3 marcs ; 13 marcs $=$ 1 livre 5 marcs ; enfin 90 livres. Or, à chaque colonne on a soustrait le nombre d'unités immédiatement supérieures contenues dans la somme, on a écrit l'excédent et additionné les unités soustraites, et la somme des quatre nombres donnés $=$ 90 L. 5 M. 0 O. 6 G. 49 Gr.

Ce procédé étant le même pour toute espèce de nombre complexe, on comprendra la manière dont a été obtenue la somme de l'addition suivante :

23T.Q.	18PI.Q.	104P.Q.	92L.Q.
107	35	29	118
65	6	53	102
18	24	78	48
215T.Q.	12PI.Q.	122P.Q.	72L.Q. (n° 214.)

§ II. — SOUSTRACTION DES NOMBRES COMPLEXES.

PROBLÈME. A une somme de 2547L.   12s.   6D.
on veut ôter.   768   15   10

Reste.   1778   16   8

223. En comparant d'abord les deniers, on ajoute 1 sou, ou 12 derniers, au chiffre 6 trop faible pour contenir 8; et $18 - 8 = 10$. Passant aux sous, on ajoute de suite 20 sous au nombre 12 plus faible que 15; mais à 15 il faut ajouter 1 sou par compensation aux 12 deniers ajoutés au nombre précédent, donc on a $32 - 16 = 16$. Puis après avoir reporté 1 livre au nombre inférieur par compensation des 20 sous ajoutés, l'opération s'est terminée comme sur les nombres entiers.

Cet exemple suffit pour concevoir le résultat de la soustraction suivante :

8T.C.	59PI.C.	538P.C.	128L.C.
2	65	430	829
5	210	107	1027 (n° 215.)

9

Dix-septième Leçon.

§ III. — MULTIPLICATION DES NOMBRES COMPLEXES.

1ᵉʳ PROBLÈME. Quelle serait l'étendue de 12 fois une surface de 10 toises carrées, 16P.Q. 28P.Q. ?

10T.Q.	16PI.Q.	28PO.Q.
12		
125	14	48

224. Ici, comme le multiplicateur est un nombre incomplexe, je multiplie par lui, d'abord les unités de plus faible espèce, et j'ai $28 \times 12 = 336$ pouces carrés; en second lieu comme 144 pouces carrés $= 1$ pied carré, 336 en valent 2, plus un reste 48 que j'écris, et je retiens 2; $16 \times 12 = 192 + 2$ de retenue $= 194$ pieds carrés; et comme une toise carrée $= 36$ pieds carrés, 194 en valent $5 + 14$ pieds carrés que j'écris; et reportant les 5 au produit suivant, j'achève l'opération comme pour les entiers. D'où le produit 125T.Q. 14PI.Q. 48P.Q.

2ᵉ PROBLÈME. L'aune d'une certaine étoffe se paie 43L. 16s. 8D. Combien paiera-t-on 27 aunes ÷ ?

Opération.	43L.	16s.	8D.
	27 ÷		
	301		
	86		
Produit de 10 sous. . .	13	10	
de 5 sous. . .	6	15	
de 1 sou. . . .	1	7	
de 6 deniers. .	0	13	6
de 2 deniers. .	0	4	6
de ÷	21	18	4
de ÷	5	9	7
Produit total.	1210L.	17s.	11D.

225. 27 aunes $\frac{5}{7}$ coûteront 27 fois et $\frac{5}{7}$ de fois 43 livres 16 sous 8 deniers. Négligeant d'abord la fraction $\frac{5}{7}$, je multiplie par 27 les 43 livres comme si c'étaient deux nombres abstraits ; ensuite je décompose 16 sous en parties aliquotes de 20 sous, c'est-à-dire $10 + 5 + 1$; et comme 10 sous sont la moitié d'une livre, 5 sous en sont le quart, et 1 sou le vingtième, je multiplie 27 par $\frac{1}{2}, \frac{1}{4}, \frac{1}{20}$, ou, en d'autres termes, je cherche *la moitié, le quart, le vingtième* de 27 ; car si l'aune coûtait 10 sous, ou une $\frac{1}{2}$ livre, 27 aunes coûteraient en livres $\dfrac{27 \times 1}{2}$;

à 5 sous l'aune, 27 aunes coûteraient en livres $27 \times \frac{1}{4}$; enfin à 1 sou l'aune, 27 aunes coûteraient en livres, $27 \times \frac{1}{20}$. Mais, pour simplifier, après avoir trouvé la moitié de 27 livres $= 13$ livres 10 sous, au lieu d'en chercher le quart, il est plus facile de prendre la moitié du produit 13 livres 10 sous, qui est $= 6$ livres 15 sous : de même, au lieu de prendre le $\frac{1}{20}$ de 27, on prend le $\frac{1}{4}$ de 6 livres 15 sous $= 1$ livre 7 sous (105).

Après avoir décomposé 8 deniers en parties aliquotes de 12 ou de 1 sou, c'est-à-dire en $6 + 2$, j'aurais pu multiplier 27 par $\frac{1}{40}$, puisque 6 deniers sont le quarantième d'une livre ; mais il est plus simple de chercher, pour 6 deniers, la moitié du produit d'un sou, et pour 2 deniers, le tiers du produit de 6.

Quant à la fraction $\frac{5}{7}$, voici le raisonnement simple que j'ai fait : $\frac{5}{7} = \frac{1}{2} + \frac{1}{4}$, ou bien $\frac{1}{2}$ et $\frac{1}{4}$.

Or, si l'aune coûte 43 livres 16 sous 8 deniers, $\frac{1}{2}$ ou $\frac{4}{7}$ aune coûtera la moitié de 43 livres 16 sous 8 deniers, et $\frac{1}{4}$ coûtera le quart de $\frac{1}{2}$.

Chaque produit partiel a été écrit à son rang respectif, et l'addition en a été faite d'après les principes connus (222).

3e PROBLÈME. Combien faudra-t-il payer pour 4 muids, 16 veltes, 7 pintes et 1 chopine d'un liquide, quand la velte coûte 82 livres 18 sous 6 deniers.

226. Dans cette question, les deux facteurs sont complexes. Mais comme on ne donne que le prix de la velte, c'est la velte qui doit être l'unité principale de l'un des

deux. — On fera donc disparaître les muids en les convertissant en veltes; or, 4 muids = 144 veltes.

D'où il vient 160 VELTES, 7 PINTES, 1 CHOPINE,
multipliés par..... 82 LIVRES, 18 SOUS, 6 DENIERS.

320
1280

Produit de 60 veltes.	80. . . .	à 10 sous la velte.	
Idem.	40. . . .	à 5 sous la velte.	
Idem.	16. . . .	à 2 sous la velte.	
Idem.	8. . . .	à 1 sou la velte.	
Idem.	4. . . .	à 6 deniers la velte.	

	l.	s.	d.		
Prix de 4 pintes. . .	41	9s.	3 d.		
Prix de 2 pintes. . .	20	14	$7 \frac{1}{2}$ 4	4	
Prix d'une pinte. . .	10	7	$3 \frac{3}{4}$ 2	6	8
Prix d'une chopine. .	5	3	$7 \frac{1}{8}$ 1	7	

13345 L. 14 S. 10 D. $\frac{1}{8}$ | 17

Je néglige d'abord les subdivisions du multiplicande, et je multiplie 160 par 82 livres 18 sous 6 deniers, comme il a été dit (225).

Passant aux complexes de 160, je dis : puisqu'une velte coûte 82 livres 18 sous 6 deniers, 7 pintes en coûteraient les $\frac{7}{8}$, ou bien la $\frac{1}{2} + \frac{1}{4} + \frac{1}{8}$; je prends donc la $\frac{1}{2}$, le $\frac{1}{4}$, le $\frac{1}{8}$ du prix de la velte; et comme une chopine est la moitié d'une pinte, j'ai pris en dernier lieu la moitié du prix d'une pinte.

Remarquez que, comme le nombre de deniers n'était pas exactement divisible, j'ai eu soin d'en former une fraction, et de l'ajouter à celle qui pouvait déjà y être. Ainsi le dernier produit était la moitié du précédent; il y avait, par retenue, 15 deniers dont la moitié = 7, l'autre denier excédant, je l'ai converti en $\frac{1}{4}$, et $\frac{1}{4}$ déjà écrits font $\frac{1}{4}$, dont la moitié = $\frac{1}{8}$.

En additionnant, on commence par les fractions, et on continue d'après les règles déjà données.

Scolie. 1° La disposition des facteurs est indifférente au produit : il suffit de faire les conversions en ayant égard à l'espèce de nombre que l'on veut avoir au produit. Cependant il est assez habituel de mettre comme multiplicande le nombre de même espèce que celui qu'on cherche.

2° Si l'opération ne fournissait pas d'unité intermédiaire qui aidât à simplifier les produits, on pourrait s'aider en formant *un produit auxiliaire* que l'on a soin de ne pas comprendre dans la somme des produits partiels.

4° *Problème.* L'once d'une substance vaut 2 livres 5 sous et demi ; quel est le prix de 4 onces 3 gros ?

$$\text{2 livres 5 sous 6 deniers.}$$
$$\text{4 onces 3 gros.}$$

Prix de 4 onces à 2 livres. . .	8		
Prix de 4 onces à 5 sous. . . .	1 (1).		
Prix de 4 onces à 6 deniers . .	0	2	
Prix de 2 gros.	0	11	4 $\frac{4}{4}$
Prix d'un gros.	0	5	8 $\frac{4}{4}$
Prix total.	9 L. 19 s. 0 $\frac{4}{4}$		

Dix-huitième Leçon.

§ IV. — DIVISION DES NOMBRES COMPLEXES.

1ᵉʳ PROBLÈME. On veut partager en 16 parties égales une longueur de 27 toises, 3 pieds, 9 pouces, 10 lignes.

227. Divisez d'abord l'unité de la plus forte espèce par le diviseur 16 ; convertissez le reste en pieds en y ajoutant ceux du dividende, et divisant par 16, vous aurez la seconde espèce d'unité du quotient, ou des pieds..... et ainsi de suite, réduisez toujours chaque reste en unités d'espèces immédiatement inférieures et ajoutez-y le nombre écrit au dividende ; le dernier reste dont la conversion sera impossible en unités de mesures

(1) **Produit auxiliaire :** prix de 4 onces à 1 sou = 0 livres 4 sous ; et 6 deniers étant la moitié d'un sou, 4 onces à 6 deniers vaudront la moitié de 0 livres 4 sous = 0 livres 2 sous.

réelles, sera le numérateur d'une fraction, dont le diviseur sera le dénominateur.

$$27\text{T}.\,3\text{PI}.\,9\text{P}.\,10\text{L}. \mid 16$$

Reste. . . . 11		$1\text{T}.\,4\text{PI}.\,4\text{PO}.\,4\text{L}.\;\scriptstyle\frac{.}{.}$	
Conversion en pieds. . 6			

$$\overline{66}$$

5 pieds du divid.

Deuxième dividende. . 69 pieds.
         Reste. . . . 5
Conversion en pouces. 12

$$\overline{60}$$

9 pouces du div.

Troisième dividende. . 69 pouces.
         Reste. . . . 5
Conversion en lignes 12

$$\overline{60}$$

10 lignes du div.

Quatrième dividende. . 70 lignes.
         Reste. . . . 6

1er quotient.   2e quotient.   3e quotient.   4e quotient.   5e quotient.

$\frac{.}{16} = \frac{.}{.}$ est une fraction de ligne.

2e PROBLÈME. On a payé 75 livres 17 sous 10 deniers, pour 8 toises 4 pieds 8 pouces 10 lignes d'un certain ouvrage ; à combien revient la toise ?

228. Le quotient devant être de même nature que le dividende, il est clair que si on cherche de l'argent, c'est l'argent qui doit être divisé. Pour cela., on convertit le diviseur en nombre fractionnaire de son unité principale, et ce nombre devient le diviseur ; alors il faudra multiplier d'abord le dividende par le dénominateur, diviser ensuite le produit par le numérateur, et réduire le quotient en subdivisions de mêmes espèces que le dividende.

On trouve $8\,\text{T}.\; 4\,\text{PI}.\; 8\,\text{PO}.\; 10\,\text{L}. = \dfrac{7594}{864}$ de toise,

Mais $75\,\text{LIV}.\; 17\,\text{s}.\; 10\,\text{D}. \times 864 = 65569\text{L}.\; 8\text{s}.$

Et $65569\,\text{L}.\; 8\,\text{s}. : 7594 = 8\,\text{L}.\; 10\,\text{s}.$ et une fraction.

3ᵉ **PROBLÈME.** Une toise cube de terrassement se paie 2 livres 15 sous 6 deniers. Combien en fera-t-on exécuter pour 543 livres 12 sous.

228 (*bis*). On voit d'abord que le quotient de 543 livres 12 sous, par 2 livres 15 sous 6 deniers, sera le nombre de toises et complexes que l'on pourra exécuter; car c'est ce nombre qui, multiplié par le prix d'une toise cube, aura pu former la somme totale 543 livres 12 sous.

Quand les deux termes sont de même nature, on les convertit d'abord en unités de plus faible espèce (et ici ce sont les deniers); on trouve pour dividende 130464 deniers, et pour diviseur 666 deniers. On divise ensuite les deux nouveaux nombres l'un par l'autre, et l'on convertit, selon la règle, le quotient en un nombre complexe demandé par la question.

En effet, puisque la toise cube coûte 666 deniers; autant 666 sera contenu de fois dans 130464, autant on fera de toises cubes, et on trouve $\dfrac{130464}{666} = 195$ plus un reste, 594.

Une toise cube coûtant 666 deniers, on ne pourra pas la faire exécuter pour 594, mais en supposant que 594 deniers soient le prix d'un pied cube, la toise cube, ou 216 pieds cubes, coûteraient $594 \times 216 = 128304$ deniers. Ce nouveau dividende divisé par 666 deniers, prix de la toise, donne un quotient 192; ce sont 192 pieds cubes, et un reste, 422.

Ce reste, multiplié par 1728 pouces cubes $= 746496$ qui, divisé par $666 = 1120$ pouces cubes.

Donc, pour 543 livres 12 sous, on fera exécuter 195 ᵀ. ᶜ. 192 ᴾⁱ. ᶜ. 1120 ᴾ. ᶜ. $\dfrac{576}{666}$.

OPÉRATION.

```
130464 | 666
  6386 |
  3924 | 195 T. C. 192 PI. C. 1120 P. C. 576
   594 |                                 666
```

Multiplié par.... 216

```
3564
 594
1188
```

2ᵉ dividende. 128304 pieds cubes.
                6170
                1764
                 432

Multiplié par.... 1728

```
3456
 864
3024
 432
```

3ᵉ dividende.. 745496 pouces cubes.
                804
               1389
               0576 reste.

Preuve de l'opération précédente par un autre problème.

La preuve que nous donnons ici a pour but de vérifier l'exactitude du raisonnement sur lequel est fondée
l'opération précédente, et en même temps d'offrir un
exemple de multiplication très compliquée.

PROBLÈME.

Combien paiera-t-on pour 195 T. C. 192 Pi. C. 1120 P. C.
quand la toise cube coûte...... 2 L.   15 s.   6 D.

	390		
Produit de 10 sous.....	97	10	
——— de 5 sous.....	48	15	
. . . . (a).			
——— de 6 deniers....	4	17	6
Prix de 108 Pi. C. ou ½ T. C.	1	7	9
—de 72 Pi. C. ou ⅓ T.C.	0	18	6
—de 12 Pi. C. ou $\frac{1}{14}$ T.C.	0	3	1
. . . . (b).			
——de 864 P. C. ou ½ Pi. C.	0	0	1¼
——de 216 P. C. ou ⅛ Pi. C.	0	0	0¼
——de 36 P. C. ou $\frac{1}{24}$ Pi. C.	0	0	$0\frac{1}{12}$
——de 4 P. C. ou $\frac{1}{432}$ Pi. C.	0	0	$0\frac{1}{432}$

Prix égal..... 543 L.   12 s.   0 D.

Scolie. 1er. Nous avons d'abord négligé la fraction de pouce
cube $\frac{576}{666}$ comme devant donner un résultat trop petit; de
même, dans l'addition des fractions de deniers, nous avons
supposé la somme égale à 2 sous.

Scolie 2e. En vérifiant et répétant l'opération, vous remar-
querez qu'il a fallu chercher les diviseurs de 216 et de 1728
pour avoir les parties aliquotes de ces nombres, dans lesquelles
se trouvaient les complexes du multiplicande. (*Voy.* 108.)

—————

(a) Produit auxiliaire..... 9 livres 15 sous.
(b) Prix auxiliaire d'un Pi. C..., 9 livres 0 sous 3 deniers, à un
douzième de denier près.

9.

Dix-neuvième Leçon.

§ V. — CARRÉS ET CUBES DES NOMBRES COMPLEXES.

PROBLÈME. Quel sera la surface d'une muraille de 28 pieds de hauteur sur 15 pieds 10 pouces de largeur, exprimée en toises carrées, et fraction de toise carrée?

229. En réduisant d'abord les deux dimensions en unités de même sorte, la longueur égale $28 \times 12 = 336$ pouces.

La largeur égale $(15 \times 12) + 10 = 190$ pouces, et multipliant les deux dimensions l'une par l'autre, on a la surface en pouces carrés $= 336 \times 190 = 63840$ P. Q., et en divisant ce produit par la valeur d'une toise carrée en pouces carrés, c'est-à-dire par 5184, on a $\frac{63840}{5184} = 12$ T. Q. $\frac{1632}{5184}$.

Si on voulait avoir la surface en toises carrées et en pieds carrés, on diviserait le reste 1632 par 144, car ce reste représente des pouces carrés (et 144 est la surface du pied carré en pouces carrés), ce qui donnerait 12 T. Q. 11 PI. Q. 48 P. Q. pour la surface totale.

PROBLÈME. Quel serait le volume d'un corps cubique, dont l'une des 12 arêtes aurait 4 pieds 8 pouces 2 lignes?

Réduisant d'abord la longueur d'une arête en lignes, on a 674 lignes, donc $(674)^3 = 306182024$ lignes cubes. Or le pied cube $= 2985984$ lignes cubes, donc $\frac{306182024}{2985984} = 102$ pieds cubes; le reste 1611656 pourrait être réduit en fractions de pieds cubes, ce qui donnerait $\frac{1611656}{298984}$; mais on le convertirait en pouces cubes en divisant par 1728, volume du pouce cube en lignes, et $\frac{1611656}{1728} = 932$, plus un reste 1160 lignes cubes.

Donc le volume du corps $= 102$ PI. C. 932 P. C. 1160 L. C.

§ VI. — EXTRACTION DES RACINES CARRÉES ET CUBIQUES.

PROBLÈME. Une pièce de terre a 90000 perches de superficie ; elle est quatre fois plus longue que large. Quelles sont ses deux dimensions ?

230. Supposez que la pièce soit carrée, la longueur étant égale à la largeur, $\sqrt{90000}$ serait le côté de ce carré. Mais la longueur est 4 fois plus grande que la largeur, donc la surface 90000 est 4 fois plus grande que si elle était le produit de la largeur par elle-même. En divisant ce produit 90000 par 4, on aura une surface carrée $= \dfrac{90000}{4} = 22500$ et $\sqrt{22500} =$ la largeur $= 150$; donc la longueur $150 \times 4 = 600$.

En effet $600 \times 150 = 90000$.

PROBLÈME. De quelle longueur devra être le côté d'une citerne de forme cubique, capable de contenir 1500 pieds cubes d'eau ?

Si 1500 était un nombre cubique, $\sqrt[3]{1500}$ serait la dimension cherchée ; et comme $12 = \sqrt[3]{1728}$, il en résulte que cette dimension est intermédiaire à 6 pieds et à 12 pieds.

Je réduis 1500 Pi. C. en lignes cubes, ce qui donne 4477976000 lignes cubes.

Or $\sqrt[3]{4477976000} = 1647$ lignes, et 1647 lignes $=$ 11 pieds 5 pouces 3 lignes, à très peu près à cause du reste laissé après l'extraction de la racine.

Scolie général sur les nombres complexes.

Nous l'avons déjà dit : ce ne sont là que des exemples qu'il serait aisé de multiplier, et propres à faire voir combien sont plus faciles les calculs des nombres complexes décimaux, et l'avantage immense qu'ils offrent quand on les considère seulement sous ce rapport.

Nous engageons les élèves à s'exercer beaucoup à cette sorte de calcul, car, s'il doit bientôt cesser d'être mis en application pratique, il ne leur servira pas moins à acquérir de l'habileté et de la promptitude dans la combinaison des nombres.

Vingtième Leçon.

DES RAPPORTS ET DES PROPORTIONS.

ARTICLE Ier. — DES RAPPORTS.

231. On nomme *rapport* ou *raison*, le résultat de la comparaison de deux grandeurs. Les quantités comparées doivent être de même espèce.

On compare deux quantités, ou bien pour savoir de combien l'une des deux surpasse l'autre ou en est surpassée, ou bien pour savoir combien de fois l'une des deux contient l'autre ou y est contenue. Dans le premier cas, c'est chercher la différence entre les deux quantités; dans le second, c'est chercher leur quotient.

Voilà donc deux sortes de rapports : *rapport par différence*, *rapport par quotient*.

Tout rapport se compose de deux termes : l'un, que l'on écrit le premier à gauche, s'appelle *antécédent* ; l'autre, qu'on écrit à la droite, s'appelle *conséquent*.

Si l'on veut indiquer la comparaison par différence des deux nombres 15 et 5, on écrira 15. 5, en séparant l'antécédent du conséquent par un point, qui signifie *est à*. Ainsi 15. 5 s'énonce, 15 est à 5.

Si on veut indiquer la comparaison par quotient, on écrit 15:5 en séparant les deux termes par le signe (:) qui signifie aussi *est à*.

Remarquez que les deux points (:) sont déjà le signe de la division.

232. Le rapport par différence s'obtient en soustrayant le conséquent de son antécédent; ainsi, 15. 5 $= 15 - 5 = 10$. Donc l'antécédent est égal au conséquent augmenté de la raison.

Le rapport par quotient s'obtient en divisant l'antécédent par son conséquent; ainsi $15 : 5 = \frac{15}{5} = 3$. Donc l'antécédent est égal au conséquent multiplié par la raison.

Le résultat obtenu s'appelle plus souvent *la raison* :

ainsi 3 est la raison de 15:5, cette dernière expression étant plutôt le rapport même.

Quand le rapport est exprimé par des nombres. il constitue un rapport numérique; et, en général, par le mot *rapport* on désigne plus particulièrement un quotient ou une expression fractionnaire.

233. Un rapport par différence ne change pas quand on ajoute ou quand on retranche un même nombre aux deux termes. C'est ce qui a déjà été dit pour les inégalités (10).

Comme un rapport par quotient est une expression fractionnaire dont l'antécédent est le numérateur, et le conséquent le dénominateur, ce rapport jouira des mêmes propriétés qu'une fraction : c'est-à-dire qu'il sera multiplié en multipliant l'antécédent, ou en divisant le conséquent; qu'il sera divisé en divisant l'antécédent ou en multipliant le conséquent; enfin qu'il ne cessera pas d'exister en multipliant ou en divisant ses deux termes par un même nombre. Le mode de démonstration serait le même, et nous y renvoyons (173, 174).

Scolie. Remarquez que les mots *dividende*, *numérateur*, *antécédent*, d'une part, et les mots *diviseur*, *dénominateur*, *conséquent*, d'autre part, sont à peu près synonymes, et ne diffèrent que selon la manière de considérer les nombres auxquels on les applique.

Un rapport est dit *inverse* d'un autre, quand l'antécédent est mis à la place du conséquent. Ainsi, si on donne pour rapport 5 : 8, le rapport inverse sera 8 : 5. Le premier s'appelle alors *rapport direct*.

234. On nomme *rapport simple*, celui qui ne se compose que de deux termes.

On nomme *rapport composé*, le produit de deux ou plusieurs rapports simples. Il s'obtient différemment selon l'espèce de rapport.

Le rapport composé par différence étant de peu d'usage dans le calcul, nous donnerons seulement le rapport composé par quotient.

Pour obtenir le rapport composé de deux rapports simples par quotient, il suffit de multiplier antécédent par antécédent, et conséquent par conséquent; les deux produits deviennent respectivement les deux termes du nouveau rapport.

Ainsi le rapport composé des deux rapports simples $7 : 3$ et $12 : 8 = 7 \times 12 : 3 \times 8$.

Car les deux rapports donnés peuvent se mettre sous la forme $\frac{7}{3}$, $\frac{12}{8}$. Et pour multiplier deux fractions l'une par l'autre, il suffit de faire le produit des termes semblables et de diviser ces produits l'un par l'autre.

De même qu'une fraction, un rapport doit toujours être ramené à sa forme la plus simple, en supprimant les facteurs communs aux deux termes.

Le rapport le plus simple, c'est celui d'un entier à l'unité, ainsi $3 : 1$; et quand le conséquent est sous-multiple de l'antécédent, le rapport peut revenir à avoir l'unité pour l'un de ses termes; ainsi $8 : 4 = 2 : 1$ en supprimant le facteur 4.

235. La raison d'un rapport par différence est réelle quand l'antécédent est $>$ le conséquent; ainsi, $8.5 = 3$. Alors le rapport s'appelle *rapport positif*. Mais si on avait 5.8, la raison serait *négative*; on écrirait $5.8 = -3$; en la faisant précéder du signe *moins*. -3 indique qu'il s'en fallait de 3 unités que l'antécédent fût assez grand pour être égal à son conséquent; la soustraction s'effectue en renversant le rapport, mais le résultat est *négatif*.

La raison d'un rapport par quotient est un nombre entier, quand l'antécédent est multiple du conséquent; ainsi $12 : 3 = 4$. C'est un nombre fractionnaire quand le conséquent est une partie aliquante de l'antécédent $8 : 7 = \frac{8}{7}$; c'est une fraction quand l'antécédent est $<$ que le conséquent $5 : 6 = \frac{5}{6}$, et alors c'est le conséquent qui est égal à l'antécédent multiplié par la raison, mais cela ne change rien au principe (232).

Vingt-unième Leçon.

ARTICLE II. — DES ÉQUIDIFFÉRENCES, OU PROPORTIONS
PAR DIFFÉRENCE.

236. Quand deux différences sont égales, leurs quatre
termes forment une *équidifférence.*

Soient les deux différences 12.7, et 8.3.

Comme dans toutes deux la raison est 5, elles peuvent
former une équidifférence; pour cela on les écrira sur la
même ligne en les séparant par le signe (:) qui se prononce *comme.*

$$12 . 7 : 8 . 3$$

S'énonce 12 est à 7 comme 8 est à 3.

Quand quatre nombres forment équidifférence, l'antécédent du premier rapport et le conséquent du second
s'appellent *extrêmes.* Le conséquent du 1er rapport et
l'antécédent du 2^c s'appellent *moyens.*

Lorsque chaque antécédent est égal à son conséquent,
ou bien quand les deux antécédents sont égaux et les
deux conséquents égaux, la proportion prend le nom de
proportion *identique.*

Ainsi   8 . 8 : 18 . 18.

Ou bien   8 . 10 : 8 . 10.

Identique, dans cette circonstance, est à peu près
synonyme de *évidente*, car l'égalité du rapport est
évidente.

237. THÉORÈME. — Dans toute équidifférence la
somme des extrêmes égale celle des moyens. C'est le
caractère distinctif.

Ainsi, dans celle-ci 12.7 : 8.3, on a évidemment :
$12 + 3 = 8 + 7 = 15.$

En effet, si à chaque conséquent on ajoutait la raison
5, le conséquent de chaque rapport deviendrait égal au
conséquent, et chaque rapport serait composé de deux
termes égaux; on aurait alors

12.7 $+$ 5 : 8.3 $+$ 5, ou bien 12.12 : 8.8,

Par cela, on aurait ajouté le même nombre 5 à un extrême et à un moyen ; et comme 12.12 : 8.8 se compose de deux rapports identiques, la somme ne peut pas offrir de différence.

238. *Coroll.* Toutes les fois que quatre quantités seront disposées de telle sorte que la somme des deux extrêmes sera égale à celle des moyens, elles formeront une équidifférence.

Ainsi 12 . 7 : 8 . 3 pourra subir 8 permutations.
12 . 8 : 7 . 3 ici les moyens sont changés.
3 . 7 : 8 . 12 } extrêmes changés.
3 . 8 : 7 . 12 }
7 . 12 : 3 . 8 premier rapport renversé.
7 . 3 : 12 . 8
8 . 12 : 3 . 7
8 . 3 : 12 . 7

Comme ces 8 permutations se retrouvent également dans les proportions par quotient qui sont les plus importantes, nous y reviendrons pour les remarques essentielles.

239. Un terme extrême d'une équidifférence est égal à la somme des deux moyens, moins l'autre extrême : ainsi 12 — 8 — 7 — 3, car on avait d'abord 12 + 3 = 8 + 7 ; de même un moyen = les deux extrêmes, moins l'autre moyen.

Coroll. Quand l'un des termes d'une équidifférence est inconnu, il est facile de l'obtenir.

Soit l'équidifférence 9.7 : 6.x.

x représentant l'extrême inconnu, en faisant la somme des extrêmes égale à celle des moyens, on aura $x + 9 = 7 + 6$.

Retranchant 9 de part et d'autre, on a :

$$x + 9 - 9 = 7 + 6 - 9.$$

Et réduisant par les soustractions indiquées, il reste :

$$x = 4.$$

Et, en général, si l'inconnu est un extrême, on fait la somme des moyens, on en retranche l'extrême connu, et la différence égale l'extrême inconnu.

Si l'inconnu est un moyen, on additionne les extrêmes et on en retranche l'extrême connu. En effet, on aurait pu avoir :

$$7 . 9 : x . 6$$

et on aurait en : $7 + 6 = 9 + x$, qui est bien la même chose que $9 + x = 7 + 6$.

240. Quand une équidifférence a les deux moyens égaux, on l'appelle *équidifférence continue*, ainsi : $3 . 7 : 7 . 11$.

Ordinairement on l'écrit ainsi $\div 3 . 7 . 11$, ce qui veut dire, comme 3 est à 7 est à 11. Le nombre 7 est *moyen différentiel*.

Pour trouver le moyen différentiel à deux nombres donnés, on les additionne et on prend la moitié de leur somme.

Ainsi le moyen différentiel à 15 et 13 $= \dfrac{15 + 13}{2} = \dfrac{28}{2} = 14$, car si la somme des moyens égale celle des extrêmes, le moyen différentiel égale la moitié de cette somme, et on a l'équidifférence continue :

$$\div 15 . 14 . 13.$$

Quand on veut indiquer le moyen différentiel à deux nombres, on le représente par x : ainsi, $8 . x : x . 12$.
On a, $2x = 8 + 12$.

Divisant par 2 de part et d'autre, il vient $\dfrac{2x}{2} = \dfrac{8 + 12}{2}$, ou simplement $x = \dfrac{8 + 12}{2} = 10$.

Vingt-deuxième Leçon.

ARTICLE III. — DES PROPORTIONS.

241. Le plus ordinairement quand on parle de proportions, on veut parler de proportions par quotient, que, par analogie, on pourrait nommer *équiquotients*.

Une proportion est l'égalité de deux rapports par quotient.

Soient les deux rapports, 12 : 3 et 20 : 5
dont la raison 4 est la même pour tous deux, ils pourront former une proportion. Pour cela on les écrira sur la même ligne en les séparant par le signe (::) qui signifie *comme*, de cette manière :

12 : 3 :: 20 : 5, ce qui signifie 12 *est à* 3 *comme* 20 *est à* 5.

Si les deux antécédents et les deux conséquents sont égaux deux à deux, ou si chaque antécédent est égal à son conséquent, la proportion est dite *identique*.

> Ainsi :   12 : 12 :: 20 : 20
> Ou bien :   12 : 20 :: 12 : 20

Proportions évidentes, puisque les rapports formés de mêmes termes doivent donner une égale raison.

Toute proportion se compose donc de quatre termes, que l'on distingue en *extrêmes* et en *moyens*. Les deux extrêmes sont : l'antécédent du premier rapport et le conséquent du second ; les deux moyens sont : le conséquent du 1er rapport et l'antécédent du 2e.

La proportion par quotient est celle dont nous faisons le plus fréquemment usage, même dans le langage ordinaire. Ainsi quand nous disons qu'une quantité est double d'une autre, c'est comme si on disait que la première est à la seconde comme 2 est à 1. De même quand nous disons que deux quantités sont dans le rapport de 3 à 1, nous voulons dire que la seconde est contenue dans la première autant de fois que 1 est contenu dans 3. On dit aussi que deux quantités sont *proportionnelles à deux autres*, ou sont entre elles *comme deux autres*, quand leur rapport est égal à celui de ces deux autres auxquelles on les compare.

242. THÉORÈME. — Dans toute proportion le produit des extrêmes égale le produit des moyens.

Ainsi 12 : 3 :: 20 : 5, donne $12 \times 5 = 3 \times 20 = 60$.

Cette propriété distinctive peut se démontrer de plusieurs manières. Voici la plus commode :

Puisque chaque rapport peut se mettre sous forme de fraction, on aura $\dfrac{12}{3} = \dfrac{20}{5}$; réduisant au même dénominateur $\dfrac{12 \times 5}{3 \times 5}$ et $\dfrac{30 \times 3}{5 \times 3}$, et supprimant le dénominateur commun, il reste :

$$12 \times 5 = 20 \times 3,$$

puisqu'on a multiplié les deux quantités par un même nombre (199. 2ᵉ *scol.*).

Coroll. 1° Toutes les fois que quatre quantités seront telles que le produit de deux d'entre elles sera égal au produit des deux autres, elles pourront former une proportion. Il suffit de prendre les deux facteurs d'un même produit pour extrêmes et les deux autres pour moyens.

Soit :　$12 \times 5 = 3 \times 20$,
il viendra　$12 : 3 :: 20 : 5$.

Or ces quatre quantités pourront subir, dans leur ordre de disposition, huit permutations sans cesser de former proportion.

Ainsi　　$12 : 3 :: 20 : 5$
Donnera $12 : 20 :: 3 : 5$　en changeant les moyens.
　　　　　$5 : 3 :: 20 : 12$ en changeant les extrêmes de la 1ʳᵉ.
　　　　　$5 : 20 :: 3 : 12$ en changeant les moyens de celle-ci.
　　　　　$3 : 12 :: 5 : 20$ ⎫ Mêmes permutations que
　　　　　$3 : 5 :: 12 : 20$ ⎬ dans les quatre autres,
　　　　$20 : 12 :: 5 : 3$ ⎪ après avoir mis les moyens
　　　　$20 : 5 :: 12 : 3$ ⎭ à la place des extrêmes.

De ces diverses permutations dans les termes qui donnent partout $5 \times 12 = 20 \times 3$, on tire les remarques suivantes :

1° La deuxième permutation fait voir que les antécédents ont entre eux un rapport égal à celui des conséquents ; ce rapport est fractionnaire si les deux rapports donnés sont des entiers.

2° La cinquième fait voir que si on renverse les rapports, ces rapports renversés ne cessent pas d'être égaux.

Quand on renverse un rapport d'une proportion, il faut aussi renverser l'autre.

Ainsi donc, si nous écrivions 3 : 12 : : 20 : 5

Le 2ᵉ rapport n'étant pas renversé, il nous viendrait $3 \times 5 < 12 \times 20$, et il n'y aurait plus proportion.

3" La quatrième n'est autre que la première lue en sens contraire.

4° La septième n'est que la troisième dont le second rapport 20 : 12, est écrit avant le 1ᵉʳ 5 : 3 ; de même la 8" n'est que la première.

5" A chaque permutation la raison change, mais la proportion subsiste toujours.

Ces diverses permutations sont souvent distinguées par les mots *invertendo*, **alternando** (en **renversant**, en *retournant*).

243. THÉORÈME. — Dans toute proportion un terme quelconque est égal au produit des deux autres divisé par celui qui est de même sorte que le premier. Ainsi dans la proportion ci-dessus, on a :

$$12 = \frac{3 \times 20}{5}$$

En effet, puisqu'on a $12 \times 5 = 3 \times 20$, si on supprime le facteur 5 au 1ᵉʳ membre de l'égalité, il faut, pour qu'elle subsiste, diviser le 2ᵉ membre par 5.

On aura également $3 = \dfrac{12 \times 5}{20}$, et ainsi des autres.

244. *Coroll.* De là on déduit que si un terme d'une proportion est inconnu, il sera facile de l'obtenir ; par exemple :

Soit, 7 : x : : 15 : 20.

x étant le terme inconnu, et faisant le produit des extrêmes égal à celui des moyens, il vient :

$$15 \times x = 7 \times 20.$$

Et divisant de part et d'autre par 15, on a :

$$\frac{15 \times x}{15} = \frac{7 \times 20}{15}, \text{ ou simplement } x = \frac{7 \times 20}{15}, \text{ en}$$

supprimant 15, facteur commun aux deux termes du 1er membre de l'égalité.

245. On appelle *proportion continue*, celle dans laquelle les deux moyens sont égaux; telle,

$$12 : 6 :: 6 : 3.$$

Alors on a 6×6 ou bien $6^2 = 12 \times 3$.

On pourrait écrire aussi $6 : 12 :: 3 : 6$, mais on a également $6^2 = 3 \times 12$, et les extrêmes pouvant être pris comme moyens, on dit dans tous les cas que le produit des extrêmes égale le carré du *moyen*, qui peut n'être écrit qu'une fois de cette manière $:: 3 : 6 : 12$.

En prononçant......... comme 3 est à 6 est à 12.

Ce moyen se nomme *moyen proportionnel*, donc : le terme moyen est égal à la racine carrée du produit des extrêmes, et pour trouver un moyen proportionnel à deux quantités, il faudra faire le produit de ces deux quantités et en extraire la racine carrée. Cette racine sera le moyen cherché.

Soit $:: 5 : x : 20$

On a $x^2 = 5 \times 20$; et $\sqrt{x^2}$ ou simplement $x = \sqrt{5 \times 20} = 10$; en effet, $10 \times 10 = 5 \times 20$.

246. THÉORÈME. — Si deux proportions ont un *rapport commun*, c'est-à-dire formé des deux mêmes termes, les deux autres forment proportion.

Soit, $3 : 21 :: 1 : 7$
et, $3 : 21 :: 2 : 14$
on en déduit, $1 : 7 \quad :: 3 : 14$;

car la raison étant la même pour chaque proportion, le dernier rapport d'une proportion est égal au dernier rapport de l'autre.

Scolie. 1° On peut aussi former *une suite de rapports*, en supprimant une fois le rapport commun, de cette manière :

$$3 : 21 :: 1 : 7 :: 2 : 14.....$$

Le rapport, dans ce cas, s'appelle *rapport constant*. Les suites de rapports égaux pouvant être ramenées à un certain nombre de proportions, jouissent des mêmes propriétés que les proportions.

Scolie. 2° Tous les théorèmes précédents et les suivants sont applicables aux nombres fractionnaires et aux fractions décimales ou ordinaires ; car on peut avoir quatre fractions telles qu'elles forment proportions.

Ainsi $\quad$ 0,12 : 0,3 :: 0,20 : 0,5.

Car $\quad$ 0,12 × 0,5 = 0,3 × 0,20.

De même $\quad \dfrac{2}{7} : \dfrac{3}{8} :: \dfrac{6}{5} : x.$

$$x = \frac{3 \times 6 \times 7}{8 \times 5 \times 2} = \frac{126}{80} = \frac{63}{40}.$$

D'où, en substituant à x sa valeur, on a :

$$\frac{2}{7} : \frac{3}{8} :: \frac{6}{5} : \frac{63}{40}.$$

Et, puisque $\dfrac{2 \times 63}{7 \times 40} = \dfrac{3 \times 6}{8 \times 5}$, ou bien $\dfrac{2 \times 9}{40} = \dfrac{3 \times 6}{8 \times 5}$ (en supprimant seulement le facteur 7 de la première), il faut conclure que les quatre fractions formaient proportion.

247. *Coroll.* 1°. Si deux proportions ont les mêmes antécédents, les conséquents sont en proportions ; et si elles ont les mêmes conséquents, les antécédents sont aussi proportionnels.

Soit 3 : 1 : : 21 : 7

et $\quad$ 3 : 2 : : 21 : 14

en changeant les moyens de place, on rentrerait dans la proposition (246), et on aurait :

$$1 : 7 : : 2 : 14.$$

De même si on avait 12 : 8 : : 9 : 6
on aurait $\quad$ 2 : 8 : : $\frac{1}{3}$: 6

en changeant les moyens on arrive, comme dans le cas précédent, à la proposition 12 : 9 : : 2 : $\frac{1}{3}$.

248. *Coroll.* 2°. Si deux proportions ont les moyens égaux, les extrêmes de l'une formeront les extrêmes de la proportion nouvelle, et les extrêmes de l'autre en seront les moyens.

Soient
$$8 : 4 :: 10 : 5$$
$$2 : 4 :: 10 : 20$$

On aura $8 : 2 :: 20 : 5$

Car, puisque le produit des extrêmes égale celui des moyens, et que les moyens sont égaux, on doit avoir $8 \times 5 = 2 \times 20$, d'où il est facile de conclure la proportionnalité.

Vingt-troisième Leçon.

249. On nomme *proportion composée*, la proportion qui résulte de la multiplication de deux ou plusieurs proportions simples, multipliées entre elles par *ordre*, c'est-à-dire, antécédent par antécédent, conséquent par conséquent.

Soient les 3 proportions
$$\begin{cases} \tfrac{1}{2} : 5 :: 8 : 80 \\ 15 : 3 :: 5 : 1 \\ 0,5 : 0,2 :: 12 : 4,8 \end{cases}$$

que l'on dispose de manière à ce que les termes de même nature soient les uns sous les autres; en les mettant toutes trois sous forme d'égalité, on aura :

Pour la première, $\dfrac{1}{2 \times 5} = \dfrac{8}{80}$,

Pour la deuxième, $\dfrac{15}{5} = \dfrac{5}{1}$,

Pour la troisième, $\dfrac{0,5}{0,2} = \dfrac{12}{4,8}$;

or, si on multiplie ces quantités égales *membre à membre*, il en résultera encore une égalité, savoir :

$$\frac{1 \times 15 \times 0,5}{2 \times 5 \times 3 \times 0,2} = \frac{8 \times 5 \times 12}{80 \times 1 \times 4,8}.$$

égalité qui peut être mise sous forme de proportion $1 \times 15 \times 0,5 : 2 \times 5 \times 3 \times 0,2 :: 8 \times 5 \times 12 : 80 \times 1 \times 4,8$, ou simplement $7,5 : 0,60 :: 480 : 384$.

250. Réciproquement, deux proportions étant données, en les divisant par ordre ou membre à membre, les quotients sont proportionnels.

$$\text{Soit } 12 : 2 :: 8 : \tfrac{.}{.}$$
$$\text{et } 5 : 6 :: 15 : 18$$

Divisant membre à membre, on aurait :

$$\frac{12}{5} : \frac{2}{6} :: \frac{8}{15} : \frac{4}{5 \times 18}$$

Proportion de laquelle on tire :

$$\frac{12 \times 6}{5 \times 2} = \frac{8 \times 3 \times 18}{15 \times 4}$$

Et, en supprimant les facteurs communs aux deux termes, il reste

$$\frac{6 \times 6}{5} = \frac{2 \times 18}{3}$$

dont on peut faire une proportion identique.

Scolie. 1° Si, dans la multiplication de plusieurs proportions, il se trouve qu'un nombre, antécédent dans l'une est conséquent dans l'autre, on peut le supprimer.

$$\text{Soit } 5 : 4 :: 15 : 20$$
$$\text{et } 4 : 15 :: 8 : 50$$

on aura $5 : 15 :: 15 \times 8 : 20 \times 10$

en supprimant le terme 4, qui, passant au numérateur et au dénominateur de l'égalité des deux nouveaux rapports, devrait être retranché,

puisqu'on aurait $\dfrac{5 \times 4}{4 \times 15} = \dfrac{15 \times 8}{20 \times 50}$.

Scolie. 2° Par la même raison on pourra supprimer de suite les facteurs communs aux antécédents et aux conséquents des mêmes rapports.

$$\text{Soient} \quad 2 : 5 :: 4 : 6$$
$$4 : 2 :: 6 : 12$$
$$9 : 24 :: 5 : 8$$

En supprimant dans les premiers rapports les facteurs 2 et 5, et dans les seconds, les facteurs 6, 4 et 5, il restera :

$$4 \times 4 \times 5 : 4 \times 4 \times 24 :: 4 \times 4 \times 4 : 4 \times 4 \times 2$$

que l'on aurait pu mettre de suite sous la forme d'égalité,

$$\frac{5}{24} = \frac{1}{4 \times 2}.$$

On voit que ce mode de réduction, qui, d'ailleurs, a beaucoup d'analogie avec ce que nous avons dit sur les réductions dans le calcul des nombres fractionnaires, doit abréger les calculs.

Scolie 5e. Si une des deux proportions avait deux inconnues dont l'une fût déjà dans l'autre proportion, cette inconnue disparaîtrait en les disposant convenablement. En faisant x et y les deux inconnues, on pourrait avoir :

$$24 : 15 :: x : 36.$$
$$7 : 12 :: x : y.$$

Comme la dernière pourrait s'écrire $\quad 12 : 7 :: y : x$
en transcrivant la première telle qu'elle est, $24 : 15 :: x : 36$

on aura la proportion composée... $12 \times 24 : 7 \times 15 :: y : 36$
car, supprimant le facteur x, y reste seul inconnu.

251. *Coroll.* Quand quatre nombres forment une proportion, leurs carrés et leurs cubes sont aussi en proportion.

Soit $\quad 2 : 7 :: 8 : x$
En l'écrivant sous elle-même, $\quad 2 : 7 :: 8 : x$

et multipliant par ordre, il viendrait $\quad 2^2 : 7^2 :: 8^2 : x^2$
car tout carré est un nombre $\times$ par lui-même.

252. Réciproquement, les racines carrées et cubiques de quatre nombres en proportion sont aussi en proportion, lors même que la racine n'est pas commensurable, puisque, par la pensée, on peut considérer la racine évaluée comme équivalente à la vérité.

10

Par conséquent si on a $\quad 3 : \quad 8 :: \quad x : \quad 16$
on aura : $\qquad \sqrt{3} : \sqrt{8} :: \sqrt{x} : \sqrt{16}$

Et en évaluant la racine incommensurable à un degré quelconque d'approximation, il viendra :

$$\sqrt{3} \times \sqrt{16} = \sqrt{x} \times \sqrt{8},$$

ou bien : $\quad \sqrt{3} \times \quad 4 = \sqrt{x} \times \sqrt{8}.$

253. Les proportions jouissent de quelques autres propriétés, moins essentielles pour les calculs arithmétiques, mais indispensables à la géométrie. Voici les deux principales, dont il est facile de déduire les autres.

THÉORÈME. — Dans toute proportion, la somme ou la différence des antécédents est à la somme ou à la différence des conséquents, comme un antécédent est à son conséquent.

Soit la proportion $8 : 6 :: 4 : 3$,
on aura : $8 + 4 : 6 + 3 :: 8 : 6$ ou $:: 4 : 3$.

En effet, à cause du n° 232, on peut établir que dans tout rapport, l'antécédent est égal au conséquent multiplié par la raison; or, dans la proportion donnée, la raison réduite à la plus simple expression est l'expression fractionnaire $\frac{4}{3}$;

donc $8 = \dfrac{6 \times 4}{3}$,

et $4 = \dfrac{3 \times 4}{3}.$

Remplaçant 8 et 4 par leur valeur dans la proportion donnée, on aura :

$$\frac{6 \times 4}{3} : 6 :: \frac{3 \times 4}{3} : 3;$$

faisant la somme des antécédents et celle des conséquents, on a :

$$\frac{6 \times 4}{3} + \frac{3 \times 4}{3} : 6 + 3 :: \frac{6 \times 4}{3} : 6 \text{ ou} :: \frac{2 \times 4}{3} : 3.$$

Et, égalant le produit des extrêmes à celui des moyens, on aura :

$$\frac{6 \times 4}{3} + \frac{3 \times 4}{3} \times 3 = \left(6 + 3\right) \times \left(\frac{3 \times 4}{3}\right);$$

puis simplifiant $(6 \times 4) + (3 \times 4) \times 3 = (6 + 3) \times 3 \times 4$, ou bien $(24 + 12) \times 3 = (6 + 3) \times 12$, on obtient $72 + 36 = 72 + 36$.

On démontrerait de même pour la différence, en changeant le signe $+$ en $-$.

254. *Coroll.* Dans une suite de rapports égaux, la somme ou la différence de tous les antécédents est à la somme ou à la différence de tous les conséquents, comme un antécédent est à son conséquent (1).

255. THÉORÈME. Dans toute proportion, la somme ou la différence des deux premiers termes est au premier, comme la somme ou la différence des deux derniers est au troisième.

Soit encore : $8 : 6 :: 4 : 3$,

ou aura : $8 + 6 : 8 :: 4 + 3 : 4$.

Pour le prouver, substituons à chaque antécédent sa valeur, c'est-à-dire le conséquent multiplié par la raison, nous aurons comme dans les n°s précédents :

$$\frac{6 \times 4}{3} + 6 : \frac{6 \times 4}{3} :: \frac{3 \times 4}{3} + 3 : \frac{3 \times 4}{3}.$$

D'où on tire $\left(\frac{6 \times 4}{3} + 6\right) \times \left(\frac{3 \times 4}{3}\right) =$

$$\left(\frac{6 \times 4}{3}\right) \times \left(\frac{3 \times 4}{3} + 3\right).$$

Ou bien, réduisant au même dénominateur et simplifiant :

$$\frac{24 + 18}{3} \times \frac{12}{3} = \frac{24}{3} \times \frac{12 + 9}{3},$$

_____

(1) Démonstration à faire et facile à déduire de la proposition.

et supprimant les dénominateurs et simplifiant encore,

on a : $42 \times 12 = 24 \times 21$,

ou bien : $42 \times 1 = 2 \times 21$,

en supprimant de part et d'autre le facteur 12. Et puisqu'il y a égalité entre le produit des extrêmes et celui des moyens, il y a proportion.

Coroll. Par un même tour de démonstration on prouvera que $8 - 6 : 8 :: 4 - 3 : 4$.

256. On démontra de même que : la somme ou la différence des deux premiers termes d'une proportion est au second, comme la somme ou la différence des deux derniers est au quatrième. Dans la proportion,

$$8 : 6 :: 4 : 3,$$

On aura : $8 + 6 : 6 :: 4 + 3 : 3$.
$$8 - 6 : 6 :: 4 - 3 : 3.$$

257. *Coroll.* Dans toute proportion, la somme ou la différence des deux premiers termes est à la somme ou la différence des deux derniers comme le premier est au troisième, ou comme le second est au quatrième.

Soit encore la proportion : $8 : 6 :: 4 : 3$,
on aura : $8 + 6 : 4 + 3 :: 6 : 3$ ou $:: 8 : 4$,
ou bien : $8 - 6 : 4 - 3 :: 6 : 3$ ou $:: 8 : 4$;

ce qui se démontrera par le précédent théorème ; car en changeant les moyens, on reviendra à la proportion,

$$8 + 6 : 6 :: 4 + 3 : 3,$$
ou bien : $8 - 6 : 6 :: 4 - 3 : 3$.

Donc, etc.

Vingt-quatrième Leçon.

APPLICATIONS DES PROPORTIONS.

258. On a coutume de rapporter à la théorie des proportions un certain nombre d'opérations arithmétiques,

désignées sous les noms de *règle de trois*, *règle d'intérêt*, *d'escompte*, *de société*, etc., etc.

Sans vouloir contester ici l'utilité de ces diverses
règles, nous ferons seulement remarquer d'avance que
toutes ne sont que des règles de trois, plus ou moins
compliquées; ainsi, quelques auteurs confondent la règle
l'intérêt avec la règle de trois. Nous étudierons d'abord
la règle de trois, et nous conserverons les autres, parce
que cette manière de les considérer a l'avantage d'exposer dans un plus grand nombre d'exemples les diverses
applications que l'on peut faire, en arithmétique, de la
théorie des proportions.

Nous verrons cependant, après les règles de trois,
que cette théorie n'est pas indispensable à la solution des
problèmes.

RÈGLE DE TROIS.

259. On nomme *règle de trois* une opération par laquelle on trouve une quantité qui peut devenir le quatrième terme d'une proportion, quand les trois autres
termes sont connus par la question.

Toute question ou problème que l'on peut résoudre
par une règle de trois offre donc trois quantités connues, et une inconnue de même sorte que l'une des trois
autres.

La quantité inconnue et celle de même sorte s'appellent *quantités principales*; les deux autres s'appellent
relatives ou *correspondantes*; par exemple : 36 mètres
de drap se paient 480 fr., combien paiera-t-on pour 72
mètres?

480 fr. et le nombre de francs que l'on veut connaître
sont les deux principales. Leurs relatives sont les deux
nombres de mètres. Les relatives sont toujours d'une
espèce différente de leurs principales, mais entre elles,
elles sont de même sorte; et le rapport qui existe entre
les unes devra être le même que celui qui existe entre
les autres. De sorte qu'une règle de trois sera résolue
quand on aura rendu le rapport des principales égal à
celui des relatives.

Si l'analyse du problème n'offre qu'une seule relative

pour chaque principale, la règle de trois est *simple*. Elle est *composée* quand elle offre plus d'une relative à chaque principale.

§ Ier. — RÈGLE DE TROIS SIMPLE.

260. On la distingue en règle *directe* et règle *inverse*.

Le règle de trois simple est *directe* quand le rapport des deux principales est le même que celui des deux relatives, c'est-à-dire, quand une principale et sa relative varient de la même manière que l'autre principale varie avec sa relative.

Rendons cela sensible par un exemple.

PROBLÈME. 120 mètres ont coûté 80 fr., combien coûteront 360 mètres ?

Solution. On conçoit que 360 mètres étant un certain nombre de fois plus grand que 120 mètres, le prix sera un même nombre de fois plus élevé que 80 francs. Donc le rapport des deux principales, x francs et 80 francs, sera *directement* le même que celui des deux relatives, 360 et 120.

Si donc on écrit pour rapport des principales $x : 80$, on aura pour rapport des relatives $360 : 120$, et pour proportion, $x : 80 : : 360 : 120$.

Si on avait écrit $80 : x$ pour rapport des principales, on aurait écrit pour celui des relatives $120 : 360$, ce qui aurait donné la proportion $80 : x : : 120 : 360$; donc le résultat serait le même (n° 142).

Et l'on tire pour valeur de x,

$$x = \frac{360 \times 80}{120} = 240.$$

2e PROBLÈME. On a payé 240 fr. pour 360 mètres de drap, combien en aura-t-on pour 80 francs ?

Solution. Puisque 80 fr. est un certain nombre de fois plus petit que 240 fr., il est certain que, les autres conditions étant les mêmes, on aura un même nombre de fois moins de drap que 360 mètres.

C'est là le raisonnement que nous faisons à chaque instant quand nous disons que nous aurons *d'autant plus ou d'autant moins* de marchandise que nous donnerons *lus ou moins d'argent*, pour dire que l'acquisition sera en raison directe de la somme.

Si donc on fait pour rapport des principales $x : 360$, le rapport des relatives sera $80 : 240$.

D'où la proportion $x : 360 :: 80 : 240$.

D'où $x = \dfrac{360 \times 80}{240} = 120$.

261. *Scolie.* Remarquez que si, dans la première proportion, vous substituez à x sa valeur, en écrivant

$$240 : 80 :: 360 : 120,$$

vous aurez l'égalité $\dfrac{240}{80} = \dfrac{360}{120}$,

ou simplifiant...... $3 = 3$; donc le rapport des principales est égal à celui des relatives.

Mais on aurait aussi $\dfrac{240}{360} = \dfrac{80}{120}$, ou bien $\dfrac{2}{3} = \dfrac{2}{3}$;

donc aussi le rapport d'une principale à sa relative est égal à celui de l'autre principale à sa relative; et ces deux remarques justifient la définition et le principe sur lequel repose la solution de toute règle de trois (259).

On démontrerait la même égalité dans le deuxième problème.

262. La règle de trois simple est *inverse* quand le rapport d'une principale à sa relative varie en sens contraire ou inverse de celui de l'autre principale à sa relative.

Développons cette proposition sur un exemple.

3e **PROBLÈME.** 360 ouvriers ont mis 80 jours à confectionner un ouvrage. Combien faudrait-il de jours à 120 ouvriers pour faire un ouvrage parfaitement égal au premier ?

Solution. Il est clair que moins d'ouvriers mettront plus de jours, toutes les autres conditions étant les mêmes; et si 120 ouvriers sont une ou plusieurs fois moins nombreux que 360, il leur faudra une ou plusieurs fois plus de 80 jours.

Soit donc, pour rapport des principales, $x : 80$, celui des relatives sera $360 : 120$,
et la proportion sera $x : 80 : : 360 : 120$.

$$\text{D'où } x = \frac{80 \times 360}{120} = 240 \text{ jours.}$$

Scolie. Remarquez que la proportion écrite est matériellement la même que celle du premier problème, et que le résultat 240 devait être le même ; et cependant l'esprit de la question est tout différent. Aussi jamais, dans aucun cas, la lecture d'une proportion écrite ne peut faire connaître de quelle question elle est la traduction, puisqu'on peut ignorer quelles sont les principales et les relatives : on ne voit que des antécédents et des conséquents dont le rapport doit être égal pour que la proportion soit vraie.

Manière de poser la règle de trois simple, directe ou indirecte.

263. Dans tous les cas où l'analyse vous démontre une règle directe, écrivez d'abord le rapport des principales. Celui-là est toujours facile à trouver, puisqu'il y a toujours une quantité de même nature que l'inconnue. Représentez l'inconnue par x, puis écrivez à droite de ce rapport celui des relatives, de manière que la relative de x occupe dans le second rapport la même place que x occupe dans le premier ; c'est-à-dire que si x est antécédent de l'un, sa relative sera antécédent de l'autre. De cette manière x sera extrême dans la proportion, et la relative de l'autre principale formera l'autre extrême.

264. Mais si l'analyse démontre un rapport inverse, après avoir écrit le rapport des principales, comme pour la règle directe, écrivez le rapport des relatives, de manière que celle de x occupe, dans ce second rapport, la place contraire à celle que x occupe dans le premier. C'est-à-dire que x étant antécédent de l'un, sa relative sera conséquent de l'autre ; de sorte que, dans la proportion, x et sa relative seront les deux extrêmes.

Voici quelques problèmes qui serviront d'exercices pour l'analyse et pour la position des proportions.

4ᵉ PROBLÈME. Un tonneau de vin contenant 280 litres a été payé 266 francs ; combien paiera-t-on pour un tonneau de 250 litres de même qualité ?

Solution. Moins de litres doivent se payer moins d'argent ; donc la règle est directe, et la proportion :

$$x : 266 :: 250 : 280, \text{ d'où } x =$$

5ᵉ PROBLÈME. Les forces de deux ouvriers sont entre elles dans le rapport de 4 à 5. Quand le premier fait 20 toises et demie, combien en fait l'autre ?

Solution. Dire que les forces de deux hommes sont proportionnelles à deux nombres, c'est prendre arbitrairement l'unité d'ouvrage comme exécutée 4 fois par le premier, pendant que, dans la même unité de temps, la même unité d'ouvrage serait répétée 5 fois par le second. Cela posé, celui dont la force est proportionnelle au plus grand nombre 5, doit faire plus que l'autre, donc la règle sera directe, et on aura :

$$x : 20\tfrac{1}{2} :: 5 : 4 ;$$

ou, réduisant en une seule expression fractionnaire :

$$x : \frac{41}{2} :: 5 : 4,$$

$$\text{d'où } x = \frac{41 \times 5}{2 \times 4} = \ldots..$$

6ᵉ PROBLÈME. Un charpentier fournit 588 planches de 15 pouces de large, pour clore un terrain. Mais le propriétaire veut des planches de 18 pouces de large ; combien en faudra-t-il ?

Solution. Il en faudra moins, car le terrain étant le même, plus les planches seront larges, moins elles seront nombreuses ; d'où la règle est inverse....... (*Posez la proportion.*)

7ᵉ PROBLÈME. Quand le blé vaut 45 francs la mesure, on paie le pain 0,25 fr. la livre. Combien le paiera-t-on

10.

quand la même mesure vaut 41,40 fr. (*Solution et proportion à faire.*)

8e **PROBLÈME.** Deux fontaines coulent ensemble ; la première fournit 16 litres en 3 minutes, la seconde 18 litres en 3 minutes 18 secondes ; quelle est la plus abondante ?

Solution. La solution de ce problème consiste, non pas à trouver une inconnue, car les quatre termes de la proportion sont connus, mais à comparer deux rapports. Si les deux fontaines fournissent autant l'une que l'autre, les rapports seront égaux ; mais si l'une des deux fournit plus que l'autre, les rapports seront différents, et la proportion sera impossible.

Or chacun des deux rapports établit la quantité d'eau fournie par une fontaine dans l'unité de temps ; et ici, pour que l'unité soit la même, il faut réduire les minutes en secondes. Pour la première on aura 16 litres en 180 secondes ; pour la seconde 18 litres en 198 secondes.

Donc, en une seconde, la première fontaine fournit la 18e partie de ce qu'elle fournit en 180 secondes, c'est-à-dire $\frac{76}{188}$. Par la même raison, l'autre fournit $\frac{18}{108}$.

(Reste maintenant à comparer les deux expressions fractionnaires.

Vingt-cinquième Leçon.

§ II. — RÈGLE DE TROIS COMPOSÉE.

265. Toute règle de trois composée sera résolue quand le rapport des relatives aura été rendu égal au rapport des principales.

Toute question, soluble par une règle de trois composée, sera telle que chaque principale devra avoir le même nombre de relatives, et que ces relatives seront toujours de même espèce, deux à deux ; par conséquent, on pourra la décomposer en autant de questions distinctes qu'il y aura d'espèces de relatives, et former autant de règles de trois simples (directes ou inverses) que de questions secondaires; puis, formant une proportion composée de toutes ces proportions, on trouvera la valeur de l'inconnue.

Développons ces premiers préceptes sur l'exemple suivant.

9ᵉ **PROBLÈME**. 3 ouvriers, travaillant 10 heures par jour, pendant 8 jours, ont fait 45 mètres; combien en feront 7 ouvriers de même force, travaillant pendant 7 jours, et 9 heures par jour ?

Analyse. Les deux principales sont 45 mètres et x mètres, et il y a trois relatives : les ouvriers, les jours, les heures; nous aurons donc trois proportions.

Établissant d'abord la proportionnalité des principales avec les ouvriers, nous dirons :

1° Trois ouvriers ont fait 45 mètres pendant un certain temps; combien en feront 7 ouvriers ?

Règle directe. $x : 45 :: 7 : 3$......... (1).

2° En 10 heures, des ouvriers ont fait 45 mètres; combien en feraient-ils en 9 heures ?.....

Règle directe. $x : 45 :: 9 : 10$...... (2).

3° 45 mètres ont été faits en 8 jours par des ouvriers travaillant un certain nombre d'heures; combien en ferait-on en 7 jours ?

Règle directe. $x : 45 :: 7 : 8$......... (3).

Remarquez que toujours la relation des correspondantes s'établit avec les principales; donc, en disposant les trois proportions l'une sous l'autre pour en former la composée, on pourra se dispenser d'écrire plusieurs fois le rapport des principales $x : 45$. En effet, le rapport composé qui en résulterait, c'est-à-dire $x \times x \times x : 45 \times 45 \times 45$, ou bien $x^3 : 45^3$. Mais un rapport ne change pas quand on divise ses deux termes par un même nombre (233). Il ne changera pas non plus en extrayant la racine carrée ou cubique de ses deux termes : donc il suffira de l'écrire une seule fois.

Alors on dispose les proportions de cette manière, en n'écrivant qu'une fois le rapport des principales. . . . . $x : 45 ::$ | $7 : 3$ . . . . (1)

$9 : 10$ . . . . (2)

Et formant le rap- $\qquad$ $7 : 8$ . . . . (3)

port composé, on a $x : 45 :: \quad 7 \times 9 \times 7 : 3 \times 10 \times 8;$

$$\text{d'où } x = \frac{45 \times 7 \times 9 \times 7}{3 \times 10 \times 8};$$

$$\text{et simplifiant}, x = \frac{3 \times 7 \times 9 \times 7}{2 \times 2} = \frac{1323}{16} =$$

82,6875 mètres.

266. Reprenons ce mode d'analyse sur un second exemple.

10ᵉ PROBLÈME. En travaillant pendant 15 jours et 7 heures par jour, 80 ouvriers ont creusé un fossé de 50 mètres de long, sur 4 de large et 2 de profondeur; combien 45 hommes, travaillant 6 heures par jour, mettront-ils de jours pour en creuser un autre de 39 mètres de long, sur 7 de large et 3 de profondeur?

On sait d'ailleurs que la force d'un ouvrier de la première troupe est à celle d'un ouvrier de la seconde, comme 3 : 4, et que la dureté du premier terrain est à celle du second :: 5 : 6.

Analyse simplifiée. La question offre pour principales 15 jours et x jours. Chaque principale offre sept relatives; *ouvriers*, *heures*, *longueur*, *largeur*, *profondeur*, *force*, *dureté*; d'où 7 proportions (1).

1° Rapport des ouvriers; règle inverse.

x j. : 15 j. :: 80 : 45. . . . . . (1)

2° Rapport des heures; règle inverse.

$x : 15 :: 7 : 6.$ . . . . (2).

_____

(1) Nous laissons aux élèves le soin de faire les sept problèmes partiels qui amènent chacune de ces opérations.

3° Rapport des longueurs ; règle directe.

$$x : 15 : : 39 : 50. \ldots \ldots \ldots (3).$$

4° Rapport des largeurs ; règle directe.

$$x : 15 : : 7 : 4. \ldots \ldots \ldots (4).$$

5° Rapport des profondeurs ; règle directe.

$$x : 15 : : 3 : 2. \ldots \ldots \ldots (5).$$

6° Rapport des forces ; règle inverse.

$$x : 15 : : 3 : 4. \ldots \ldots \ldots (6).$$

7° Rapport des duretés ; règle directe.

$$x : 15 : : 6 : 5. \ldots \ldots \ldots (7).$$

D'où formant la proportion après avoir disposé les sept proportions simples comme précédemment, nous avons :

$x : 15 : :$	80 : 45	ou bien : :	1 : 5
	7 : 6		7 : 1
	39 : 50	En supprimant les termes ou les facteurs communs aux deux colonnes, il reste :	39 : 5
	7 : 4		7 : 1
	3 : 2		1 : 1
	3 : 4		1 : 4
	6 : 5		1 : 5.

Et pour proportion composée :

$$x : 15 : : 1 \times 7 \times 39 \times 7 \times 1 \times 1 \times 1 : 5 \times 1 \times 5 \times 1 \times 1 \times 4 \times 5.$$

D'où, en supprimant les facteurs communs aux deux termes, on a :

$$x = \frac{15 \times 7 \times 39 \times 7}{5 \times 5 \times 4 \times 5} = \frac{3 \times 7 \times 39 \times 7}{5 \times 5 \times 4} = \frac{5733}{100}$$

$$= 57,33, \text{ ou } 57 \text{ jours et } \frac{33}{100} \text{ de jour.}$$

Voici quelques problèmes pour exercices d'analyse, ou de position de proportions.

11e PROBLÈME. Quand le blé vaut 26 livres 5 sous, un pain de 6 sous pèse 18 onces. Combien devra-t-il peser quand la mesure de blé ne vaut que 16 livres ?

Proportion . . . . . $x : 18 :: 26$ L. 5 s. : 16 L.
En réduisant en sous. $x : 18 :: 525$ s. : 320 s.

(Raisonnez l'analyse de cette proportion simple ; remarquez l'inutilité du prix du pain.)

12ᵉ PROBLÈME. (Reprenez le 8ᵉ problème, nº 169, des exercices de la première partie, et traitez-le par la règle de trois.)

13ᵉ PROBLÈME. On a payé 975 francs pour 13 aunes de drap à $\frac{5}{8}$ de large ; 7 aunes d'une même qualité, mais qui a $\frac{7}{8}$ de large, ont été payées 840 fr. ; quel est le plus cher des deux coupons ?

Analyse. On n'a pas ici à établir de proportion, mais seulement l'égalité ou l'inégalité des deux rapports composés. Or, négligeant d'abord la largeur, on dira qu'une aune du premier coupon coûte $\frac{975}{13}$, et une aune du second $\frac{840}{7}$.

Mais, quant à la largeur, 1 huitième du premier coûterait le cinquième de $\frac{975}{13} = \frac{975}{13 \times 5}$,
et 1 huitième du deuxième coupon, coûterait $\frac{1}{7}$ de $\frac{840}{7} = \frac{840}{7 \times 7}$.

(Faites la comparaison des deux rapports.)

14ᵉ PROBLÈME. Avec 12 livres de fil on a tissé une toile de 27 aunes, à $\frac{3}{4}$ de large. Combien d'aunes de longueur aurait une toile de $\frac{4}{5}$ de largeur, tissée avec 15 livres de même fil ?

Proportions. . . . $x : 27 :: \left|\begin{array}{l} 15 : 12 \\ \frac{15}{20} : \frac{16}{20} ; \end{array}\right.$

d'où on tire. . . . . $x = \frac{27 \times 15 \times 15 \times 20}{20 \times 12 \times 16}$.

(Justifiez par l'analyse cette proportion, le résultat, les expressions $\frac{15}{20}$ et $\frac{16}{20}$, et, en général, faites toutes les remarques essentielles à ce sujet.)

Vingt-sixième Leçon.

SCOLIE GÉNÉRAL SUR LES RÈGLES DE TROIS.

267. On a pu voir que toutes les questions ont été résolues à l'aide de la multiplication et de la division, seules opérations nécessaires aux proportions. Mais les proportions elles-mêmes sont inutiles pour la solution des problèmes.

Nous avons déjà fait voir (12e leçon) comment l'analyse établissait les rapports. Démontrons maintenant que la méthode que nous avons appliquée alors est encore applicable aux règles de trois composées, et reprenons le problème 9e.

« Trois ouvriers, travaillant 10 heures par jour, « pendant 8 jours, ont fait 45 mètres; combien en feront « 7 ouvriers de même force travaillant 7 jours et 9 heures par jour? »

Analyse. Remarquez d'abord que tout problème se compose toujours de deux propositions bien distinctes, ou du moins, peut être ramené à deux propositions; dans l'une se trouve l'inconnue et toutes ses relatives : dans l'autre la quantité de même sorte que l'inconnue, et ses relatives en nombre égal à celles de l'inconnue. L'une des deux peut indifféremment précéder l'autre. D'après la question, si 45 mètres ont été faits par 3 ouvriers, 1 ouvrier aura fait pour sa part $\dfrac{45}{3}$; dans un jour il a fait $\dfrac{45}{3 \times 8}$, et dans 1 heure $\dfrac{45}{3 \times 8 \times 10}$. Or, puisque la force des ouvriers de la seconde troupe est la même, 7 ouvriers en une heure feront $\dfrac{45 \times 7}{3 \times 8 \times 10}$; en un jour ils feront neuf fois plus, ou $\dfrac{45 \times 7 \times 9}{3 \times 8 \times 10}$; et dans 7 jours, ils feront $\dfrac{45 \times 7 \times 9 \times 7}{3 \times 8 \times 10}$

Ce qui revient bien à la formule définitive de la règle de trois composée (V. 265).

268. Il en serait de même de tous les autres problèmes ; et il sera bon de les reprendre par cette méthode, qu'on nomme *méthode de l'unité*, parce qu'elle consiste à remonter à l'unité de l'un des deux termes de chaque rapport ; et c'est toujours à l'unité du terme qui fait partie de la proposition où la principale connue est renfermée avec ses relatives.

En s'exerçant à résoudre les problèmes par l'emploi des deux méthodes, on acquerra une grande facilité : la méthode de l'unité exerce à l'analyse, et dispense souvent des proportions ; la méthode des proportions est plus nécessaire pour les calculs géométriques, et elle a aussi l'avantage de représenter, par autant de formules qu'il y a de proportions simples, chacun des raisonnements analytiques qu'il a fallu faire.

On pourrait donc, à la rigueur, se dispenser d'opérer par les proportions ; et il est d'autant plus essentiel de se familiariser avec la méthode de l'unité, que toute question soluble par les proportions le sera par elle, tandis qu'il existe, en arithmétique, beaucoup de questions pour lesquelles les proportions seraient insuffisantes, et que l'analyse raisonnée pourra résoudre. Par exemple :

PROBLÈME. 38 fr. qui me restent sont les $\frac{2}{3}$ des $\frac{1}{2}$ des $\frac{3}{4}$ de ce que j'avais. Quelle somme avais-je donc ?

Analyse. Les $\frac{2}{3}$ des $\frac{4}{5} = \frac{8}{15}$.

La $\frac{1}{2}$ des $\frac{3}{4} = \frac{3}{8}$.

Et $\frac{8}{15} - \frac{3}{8} = \frac{64}{120} - \frac{45}{120} = \frac{19}{120}$.

Or, la question revient à dire que 38 fr. $=$ les $\frac{19}{120}$ de ce que j'avais. Donc $\frac{38}{19} = \frac{1}{120}$ de la somme entière.

et la somme entière elle-même égale $\dfrac{38 \times 120}{19} =$

$\dfrac{2 \times 120}{1} = 240$ en supprimant le facteur 19.

Donc 140 francs est la somme que j'avais, ce qu'il est facile de vérifier.

Autre exemple :

PROBLÈME. Quel est le nombre dont la moitié, le tiers, les ¾ et les ⁵⁄₆ = 1200 ?

Analyse. Si ce nombre était connu, la somme faite des quatre fractions que l'on en aurait prise devrait être égale à 1200. Mais cela revient à faire la somme des quatre fractions et à multiplier le nombre inconnu par cette somme, c'est-à-dire par $\dfrac{29}{12}$.

car $\dfrac{1}{2} + \dfrac{1}{3} + \dfrac{3}{4} + \dfrac{5}{6} = \dfrac{6}{12} + \dfrac{4}{12} + \dfrac{9}{12} + \dfrac{10}{12} = \dfrac{29}{12}$.

Donc la question revient à celle-ci :

Quel est le nombre qui, multiplié par $\dfrac{29}{12} = 1200$?

Or 1200 est un produit dont $\dfrac{29}{12}$ est un facteur ; en divisant un produit par un des facteurs on retrouve l'autre ; donc $x = 1200 : \dfrac{29}{12} = \dfrac{1200 \times 12}{29} = \dfrac{14400}{29}$

$= 496,55$ à moins d'un centième près.

En effet, la moitié de. . . . 496,55 = 248,275
le tiers. . . . . = 165,516
les trois quarts. . . . . . = 372,4125
les cinq sixièmes. . . . . = 413,79

Somme égale. 1199,9935

à moins d'un centième près.

Vingt-septième Leçon.

RÈGLE D'INTÉRÊT.

269. Le but le plus ordinaire de la *règle d'intérêt*, c'est de faire connaître le bénéfice que l'on doit faire sur une somme d'argent, prêtée ou placée pour un certain temps, à certaines conditions.

La somme prêtée ou placée s'appelle *capital*.

Le bénéfice s'appelle *intérêt*. Cet intérêt se mesure ordinairement sur le bénéfice qu'est censé rapporter une somme de cent francs adoptée comme terme de comparaison, et qu'on appelle *taux d'intérêt*. Le temps du placement se mesure aussi d'après une unité de temps convenue, et la plus ordinaire c'est l'année.

De ces quatre choses : *le capital*, *le taux*, *l'intérêt* et *le temps*, une, au moins, peut être inconnue ; et de là résulteront au moins quatre emplois différents de la règle d'intérêt.

270. PREMIER EMPLOI : *déterminer l'intérêt d'un capital, placé pendant un certain temps, à un certain taux.*

PROBLÈME. Quel sera l'intérêt d'une somme de 8400 francs, placée pendant un an, à raison de 5 pour cent (ce qui s'écrit 5 p. %).

Solution. Cette question n'est qu'une règle de trois simple : en effet, puisque 100 fr. rapportent 5 fr., 1800 fr. rapporteront davantage. x et 5 sont les deux principales ; 100 et 1800 les deux relatives directement proportionnelles.

D'où $x : 5 : : 8400 : 100$.

Et $x = \dfrac{8400 \times 5}{100} = 420,00$.

D'ailleurs, si 100 francs rapportent 5 francs, une somme 84 fois plus grande doit rapporter 84 fois davantage, ou $84 \times 5 = 420$; d'où cette première RÈGLE.

Pour trouver l'intérêt d'un capital, pour un an, multipliez le capital par le taux, et divisez par 100.

Scolie. On abrégera l'opération, dans le cas du taux de 5 p. %, en prenant la moitié du capital, et séparant le premier chiffre à droite du quotient.

En effet, diviser un nombre par 100 après l'avoir multiplié par 5, revient à le multiplier par $\frac{5}{100}$, ou bien par $\frac{1}{20}$, ou, en d'autres termes, c'est le diviser par 20; car $\frac{5}{100} = \frac{1}{20}$.

Tout capital placé à 5 p. % rapporte donc son vingtième ; le diviser par 20, c'est retrancher d'abord le facteur 2, et ensuite le facteur 10, puisque $2 \times 10 = 20$.

Ainsi $\dfrac{8400}{2} = 4200$, et $\dfrac{4200}{10} = 420$.

C'est pour cela que l'on dit encore *de l'argent placé au denier vingt*, pour dire que le *denier* ou l'argent produit le vingtième de sa valeur.

2ᵉ PROBLÈME. Quel sera l'intérêt rapporté par un capital de 8400 fr. au bout de 8 années, à raison de 7 p. %. (7 pour cent) (1).

On pourrait établir les deux proportions

$$x : 7 : : \left| \begin{array}{l} 8400 : 100 \ldots\ldots (1). \\ 8 \ : \ 1 \ \ldots\ldots (2). \end{array} \right.$$

Car le taux rapporté par 100 francs, en 1 an, est à 1 comme celui de cette même somme, en 8 ans, est à 8, et l'on aurait :

$$x = \frac{7 \times 8400 \times 8}{100 \times 1} = 4704{,}00 \text{ fr.}$$

Mais on conçoit que si le capital rapporte un intérêt quelconque pour un an, cet intérêt sera autant de fois plus grand qu'il y aura d'unités dans le nombre d'années du placement, donc :

DEUXIÈME RÈGLE. Pour trouver l'intérêt d'un capital, au bout d'un certain temps, multipliez le capital

_____

(1) Quand on ne détermine pas le temps dans la question, c'est toujours à raison d'un an que le taux est énoncé.

par le taux et par le temps, et divisez le produit par 100.

3e PROBLÈME. Quel est l'intérêt de 18000 fr., pour 24 jours, à 7 ½ p. °/o par an.

Solution. L'intérêt pour un an sera $\dfrac{18000 \times 7\frac{1}{2}}{100} =$

$$\dfrac{18000 \times 15}{100 \times 2} = \dfrac{270000}{200} = 1350.$$

L'intérêt pour un mois sera $\dfrac{1350}{12}$, et comme 24 jours

$=$ les $\dfrac{24}{30}$ d'un mois, l'intérêt cherché sera $\dfrac{24}{30}$ de l'intérêt

d'un mois, c'est-à-dire $\dfrac{1350}{12} \times \dfrac{24}{30} = x.$

271. DEUXIÈME EMPLOI. *Déterminer le taux auquel un capital a été ou doit être placé pour rapporter un certain intérêt au bout d'un certain temps.*

4e PROBLÈME. Quelqu'un a placé 25643 fr. qui lui rapportent 1795 fr. 36 c. par an ; quel est le taux d'intérêt ?

Solution. L'intérêt 1795,36 fr., et x, intérêt de 100 francs, seront les deux principales, dont les relatives sont directement proportionnelles.

D'où x : 1795,36 :: 100 : 25648.

Et $x = \dfrac{179536}{25648} = 7.$

Quel que soit le temps du placement, le raisonnnement sera le même et la proportion sera composée.

5e PROBLÈME. On voudrait qu'au bout de 3 ans et 7 mois un capital de 7155 eût rapporté 1656,26 fr., à quel taux faudra-t-il le placer ?

Solution. Puisque les principales x et 1656,26 sont directement proportionnelles à leur capital respectif, on a d'abord :

pour première proportion x : 1656,26 :: | 100 : 7154
et pour 2e proportion...... | 1 : 3 ½

car 7 mois = les $\frac{7}{12}$ de l'année, et le rapport du taux à l'intérêt est direct avec celui du temps; et effectuant les opérations indiquées on trouve $x =$ (à faire).

RÈGLE. Pour déterminer le taux auquel un capital est placé, multipliez l'intérêt par 100, et divisez par le capital multiplié par le temps.

Scolie. Si les intérêts sont joints au capital, on soustrait d'abord le capital de leur somme donnée, on divise la différence par le temps; cela fait, on multiplie le quotient par 100, et le produit se divise par le capital.

6e PROBLÈME. Quelqu'un a placé 25000 fr. pour 6 ans, et ne doit en toucher les intérêts qu'à l'époque du remboursement. Alors on lui compte 38500; quel était le taux?

(Exécutez cette règle, en développant les raisons, et vous trouverez $x = 9$ p. $^0/_0$).

272. TROISIÈME EMPLOI. *Déterminer le capital qui est ou doit être placé pour rapporter un certain intérêt, au bout d'un temps connu, et à un taux connu.*

7e PROBLÈME. Au bout de 27 mois, et à raison de $\frac{1}{2}$ p. $^0/_0$ par mois, un capital a rapporté 1312,65 fr.; quel est ce capital?

Solution. x et 100 sont les principales, et comme les deux rapports des relatives sont directs, on peut écrire:

pour la première proportion. $x : 100 :: | 1312,95 : \frac{1}{2}$
pour la seconde proportion. $\qquad | \quad 1 \qquad : 27$

Et exécutant les formules on trouve $x = 9723,33$. On peut donc établir pour

RÈGLE. Multipliez par 100 l'intérêt rapporté, et divisez par le taux multiplié par le temps.

Scolie. Quand les intérêts sont joints au capital, on ajoute à 100 fr. le taux multiplié par le temps; on multiplie par 100 la somme faite du capital et des intérêts, et on divise ce dernier produit par le premier.

8e PROBLÈME. Un rentier reçoit 38500 fr. pour le capital et les intérêts de ce capital, placé pendant 6 ans à 9 p. $^0/_0$; quel est ce capital?

Solution. 100 fr. placés à 9, vaudraient 109 au bout de l'année ; et $100 + (6 \times 9) = 154$ au bout de 6 années. Donc on peut dire : la somme 38500 contient l'intérêt du capital x, comme 154 contient l'intérêt du capital 100, d'où la proportion :

$$x : 100 :: 38500 : 154,$$

et on trouve $=$ (*à faire*).

Ce qu'on se prouve en décomposant les données du problème.

273. QUATRIÈME EMPLOI. *Déterminer le temps pendant lequel un capital a été ou devra être placé, pour rapporter un certain intérêt d'après un certain taux.*

9ᵉ PROBLÈME. Pendant combien de temps un capital de 25000 fr. à 6 p. %, devra-t-il être placé pour rapporter 1500 fr. ?

Solution. Il existe un rapport direct entre le taux 6 et 100 fr. pendant un an, d'une part, et 1500 fr. intérêt de 2500 pendant x temps, d'autre part, d'où la proportion :

$$6 : 100 :: 1500 : 25000.$$

Et $x = 1$ an. En effet, 2500 à 6 p. % par an rapportera bien 1500 fr., d'où :

RÈGLE : multipliez l'intérêt par 100, et divisez le produit par le capital multiplié par le taux.

Scolie. Quand le capital est joint aux intérêts, on soustrait d'abord le capital de la somme faite ; puis on cherche l'intérêt de ce capital pour un an, et on divise la différence obtenue au moyen de la dernière soustraction par le dernier quotient.

10ᵉ PROBLÈME. — On rembourse à un capitaliste 38500 fr. pour 25000 fr. à 9 p. %, intérêt et capital compris. — Combien de temps l'argent a-t-il été placé ?

On a d'abord : $385000 - 25000 = 13500$.

Mais 2500 à 9 p. % $= 4250$ pour l'int. d'un an, et

$$\frac{15300}{2250} = 6 \text{ ans.}$$

Vingt-huitième Leçon.

SUR LES INTÉRÊTS COMPOSÉS.

274. Un capital, dont les intérêts ne sont remboursés qu'à l'expiration du temps de placement avec le capital lui-même, n'est pas pour cela placé à intérêts composés (*V.* probl. 10); mais quand les intérêts de l'année écoulée se joignent au capital, pour porter intérêt comme lui l'année suivante, alors on dit que les intérêts sont *composés*, ou bien que l'on paie les *intérêts des intérêts*.

Par exemple : quels seront les intérêts composés de 1000 fr, après quatre ans, à 5 p. %?

1000 fr. au bout d'un an vaudront $1000 + 50 = 1050$.

1050 fr. au bout de la 2ᵉ année, vaudront $1050 + 52,50 = 1102,50$.

1102,50 au bout de la 3ᵉ année, vaudront $1102,50 + 55,125 = 1157,625$; 1157,625, au bout de la 4ᵉ année, vaudront $1157,625 + 57,88125 = 1215,50625$.

Donc 1000 fr., après quatre années, rapporteront 1215,51 fr. à intérêts composés, tandis qu'à intérêt simple, ils vaudraient seulement 1200 francs. La différence 15,51, tient à ce que les intérêts ont eux-mêmes rapporté des intérêts.

On voit que si le capital était un peu considérable, et le temps de placement plus long, le calcul serait laborieux, sujet à erreur, et souvent impossible. Aussi l'arithmétique ne s'en occupe-t-elle que dans le cas des *logarithmes*.

275. *Solution.* On peut cependant exécuter le calcul ci-dessus par un autre procédé.

On ajoute à 100 le taux d'intérêt, ce qui donne 105, et on divise par 100, ce qui donne 1,05; puis on multiplie ce quotient par lui-même autant de fois, moins une, que le placement doit durer d'années, ce qui donne $(1,05)^4 = 1,05 \times 1,05 \times 1,05 \times 1,05 = 1,05$ pris 4 fois facteur $= 1$ fr. 21550625.

En multipliant ce résultat par le capital primitif, qui est 1000, on trouve 1215,506, qui est bien le même résultat que précédemment, à moins d'un centième près.

Quoique moins long, ce procédé deviendrait encore très laborieux s'il y avait un plus grand nombre d'années.

Scolie. On pourrait se proposer autant de sortes de questions que sur les intérêts simples. Ainsi, prenant les mêmes nombres pour exemples, on pourrait demander :

1° Quel est le capital qui, placé pendant 4 ans, à 5 p. °/₀, a donné au remboursement 1215,51 francs ?

2° A quel taux faudra-t-il placer un capital de 1000 francs, pour qu'au bout de 4 ans il devienne 1215,16 francs ?

5° Combien de temps a dû rester placé, à raison de 5 p. °/₀, un capital de 1000 francs, qui est devenu 1215,51 francs ?

Mais ces questions, ainsi que le problème ci-dessus, ayant besoin des logarithmes pour être résolues d'une manière analytique, sortent des limites de l'arithmétique élémentaire dans lesquelles nous voulons nous maintenir.

PLACEMENTS AUX CAISSES D'ÉPARGNES.

276. Nous croyons utile de présenter un exemple du mode de placement sur les CAISSES D'ÉPARGNES, parce que les avantages de ces sortes d'établissements sont encore trop peu connus, et fort mal appréciés de la classe peu aisée en faveur de laquelle ils ont été formés.

PROBLÈME. Au 1ᵉʳ juin 1833, un ouvrier a mis à la caisse d'épargnes 40 francs, économisés sur ses dépenses. Chaque mois il a continué à faire un placement égal, jusque et y compris le 1ᵉʳ décembre 1835. — Alors il reste trois mois sans rien déposer, et le 1ᵉʳ avril 1836, il redemande ses fonds.

Quelle somme la caisse doit-elle lui rembourser, l'intérêt ayant été à 4 p. °/₀ pendant tout le temps du placement ?

Analyse. Voici, en quelques mots, comment opère la caisse d'épargnes : chaque année, au 31 décembre, elle capitalise les intérêts dus au déposant pour ses divers dépôts, c'est-à-dire qu'elle joint à la somme de tous ces dépôts les intérêts produits par chacun d'eux, en raison du nombre de jours ; et, de la somme totale, elle forme un capital qui portera intérêt, à partir du 1ᵉʳ janvier suivant, au taux fixé d'après les circonstances.

En caisse d'épargnes, comme dans les autres opérations de banque, on calcule les intérêts par le nombre de jours, et pour chaque dépôt séparément ; mais à cause des frais divers, l'argent ne porte intérêt que 15 jours après son placement, et du jour où on le redemande, il cesse de produire et n'est remboursé que 15 jours plus tard ; de sorte que, par le fait, il reste 30 jours sans rien rapporter au déposant.

En évaluant que 100 fr. à 4 p. °/₀ par an rapportent en 1 jour, 0,0109 fr. ; 40 fr. rapporteront à ce taux, 0,0044 en 1 jour ; et comme dans le problème, le placement a été supposé être toujours le même, on comptera le nombre de jours à partir de celui du placement jusqu'au 31 décembre inclusivement ; puis en multipliant ce nombre par 0,0044, on aura l'intérêt en dixmillièmes de francs ; ainsi les premiers 40 francs rapporteront 199 jours × 44 = 8765. En effet, du 1ᵉʳ juin 1833 au 31 décembre, il y a 214 jours ; mais en défalquant les 15 premiers, il reste 199. — En calculant de la même manière jusqu'au 1ᵉʳ janvier 1834, on formera le compte suivant :

40 fr.... (1834).	Jours.		Somme due en dixmillièmes.
Du 1ᵉʳ juin au 1ᵉʳ janvier...	214	199	8765
Du 1ᵉʳ juillet.........	184	169	7436
Du 1ᵉʳ août...........	153	138	6072
Du 1ᵉʳ septembre......	122	107	4808
Du 1ᵉʳ octobre........	92	77	3388
Du 1ᵉʳ novembre.......	61	46	2024
Du 1ᵉʳ décembre.......	31	16	794

Intérêt dû pour les sept dépôts..... 3,3197 fr.
qui, joint au capital de 49 × 7, ou... 280,0000

forment un nouveau capital de...... 283,3197 fr.
qui porteront intérêt au taux fixé pendant le cours de l'année 1834. Comme l'ouvrier a, pendant tout le cours

11

de cette année, fait le même dépôt, nous pouvons former
le tableau suivant :

(1835).	(1836).	Jours.	Somme due en dixmillièmes.
Du 1ᵉʳ janvier au 1ᵉʳ janvier.	365	350	1,5400
Du 1ᵉʳ février.	334	319	1,4036
Du 1ᵉʳ mars.	306	291	1,2804
Du 1ᵉʳ avril.	275	260	1,1440
Du 1ᵉʳ mai	245	230	1,0120
Du 1ᵉʳ juin	214	199	0,8765
Du 1ᵉʳ juillet.	184	169	7436
Du 1ᵉʳ août.	153	138	6072
Du 1ᵉʳ septembre.	122	107	4808
Du 1ᵉʳ octobre.	92	77	3388
Du 1ᵉʳ novembre	61	46	2024
Du 1ᵉʳ décembre	31	16	704

Intérêt dû pour les douze dépôts. . . .   9,6997 fr.

Mais les 283,3179 francs de l'année
passée ont produit, au 31 décembre,
à 4 p. o/º   11,3300

Le placement de l'année actuelle est
de 12 × 40 = ...   480,0000

et ajoutant le dernier capital.   283,3197

on forme un nouveau capital de.   784,3494
qui portera intérêt à partir du 1ᵉʳ janvier 1835.

Les mêmes dépôts ayant encore été faits toute cette
année et au même taux, on aura d'abord
pour leur intérêt.   9,6997

Le capital 784,3494 a rapporté. . . .   31,3740

Ajoutant le montant des dépôts de
1834, ci.   480,0000

et le capital déjà connu.   784,3494

on forme le capital de.   1305,4231
dont les intérêts courent à partir du 1ᵉʳ janvier 1836.

Cette somme est encore laissée par l'ouvrier, mais
sans y rien ajouter; il demande ses fonds le 1ᵉʳ avril; on

les lui rembourse le 15, et on joint au capital l'intérêt de 1 p. °/₀ pour les 3 mois échus,
ce qui donne.   13,0542
    Et ajoutant le capital.   1305,4231

on compte à l'ouvrier laborieux. . . .   1318,4773 fr.
pour les 31 dépôts de 40 francs ou
1240 francs qu'il a placés, depuis le 1ᵉʳ juin 1833 jusqu'au 1ᵉʳ avril 1836, c'est-à-dire pendant 34 mois.

Scolie. Les placements sont d'ordinaire plus inégaux et à temps moins uniformes ; mais l'exemple donné suffit pour faire comprendre les changements qu'éprouverait le calcul dans les différents cas qui pourraient se présenter, et les avantages des caisses d'épargnes, puisque de petites sommes, conservées chez soi, ne rapporteraient aucun intérêt, tandis qu'accumulées et jointes à leurs intérêts successifs, elles peuvent en peu d'années arriver à former un capital assez important.

Supposez, par exemple, que l'ouvrier ait amassé les 1240 francs avant de les placer au 1ᵉʳ janvier 1836 ; d'abord ils n'auraient rien rapporté pendant 34 mois, et, au bout de l'année, ils ne lui rapporteraient que 49,60 francs.

Vingt-neuvième Leçon.

RÈGLE D'ESCOMPTE.

277. *L'escompte* est une retenue que l'on fait sur un billet qui n'est payable qu'à une époque plus ou moins éloignée, mais pour lequel on voudrait avoir de l'argent comptant. Quelqu'un, je suppose, m'a donné en paiement un billet de 1000 francs, qui ne sera payé que dans 6 mois par celui qui l'a créé ou signé ; mais ayant besoin d'argent aujourd'hui, je vais trouver un banquier ou quelque négociant, et si la signature du billet lui offre des garanties suffisantes, il consent à me donner des écus moyennant *escompte,* c'est-à-dire qu'au lieu de 1000 francs, il me comptera 960 et quelques francs plus ou moins, selon les circonstances.

L'escompte est donc un intérêt anticipé ; car, à la riguenr, l'intérêt que l'on prend n'est dû qu'à l'échéance, puisque celui à qui on compte de l'argent ne jouit pas de la somme entière portée sur le billet ; mais l'usage a fait loi. L'opération par laquelle on prélève ainsi l'intérêt s'appelle *escompter un billet* ; on escompte aussi une somme d'argent, quand on offre de payer à l'instant une somme que l'on pourrait ne payer qu'après un temps plus ou moins long : cet escompte est également juste, car le numéraire que l'on donne pourrait, pendant ce temps, profiter à celui qui en est le possesseur.

278. *La règle d'escompte*, d'après la coutume générale de France, n'est qu'une véritable règle d'intérêt qui se calcule de la même manière, en multipliant la valeur écrite au billet par le nombre de jours qui doivent encore s'écouler jusqu'à l'échéance.

Dans le commerce et dans la banque, il y a donc un *taux d'escompte*, comme il y a un taux d'intérêt. C'est le temps à écouler, les circonstances et aussi la volonté des parties contractantes qui règlent le taux d'escompte, comme celui de l'intérêt. L'un et l'autre ne dépassent guère certaines limites, assez difficiles à fixer d'ailleurs ; mais ils dépendent généralement d'une sorte de convention tacite, admise par le plus grand nombre. Les lois réprouvent et punissent toutes les opérations de finance contraires à l'honneur et à la morale publique.

Nous donnerons seulement un exemple de l'escompte usité dans le commerce.

1er PROBLÈME. — Quelqu'un voudrait payer 400 fr. avec un billet de 350 fr. payable dans 50 jours, et le reste en argent. Le créancier accepte moyennant escompte à 6 p. par an.

Quelle somme doit compter en argent le débiteur ?

Analyse. Sur un billet de 350 fr. payable dans un an, à 6 p. % d'escompte, on retiendrait $\dfrac{350 \times 6}{100} = 21,00$, et le billet ne vaudrait plus que $350 - 21 = 329$.

Pour 1 jour, on retiendrait $\dfrac{21}{365} = 0,575$ fr., et pour 50 jours, $0,0575 \times 50 = 2,8750$; donc le billet de 350 ne vaut actuellement que 350 — 2,875 = 347,125, et pour acquitter 400 fr. le débiteur devra ajouter en argent 400 — 347,125 = 52,875 fr.

Règle des banquiers. On multiplie la somme écrite au billet par le nombre de jours à courir depuis le moment de l'escompte jusqu'à l'échéance, et on divise le produit par le quotient de 365 × 100 divisé par le taux d'escompte.

Ainsi, dans notre problème, on aurait : 350 × 50

divisé par $\dfrac{365 \times 100}{6} = \dfrac{350 \times 50 \times 6}{365 \times 100} = \dfrac{105000}{36500} =$

$\dfrac{1050}{365} = 2,876....$

Souvent même, pour plus de promptitude, on ne compte l'année que comme ayant 360 jours. Ainsi, par exemple, un billet de 3718 fr. payable dans 18 mois et 12 jours, escompté à 7 p. %, perdra :

$$\frac{3718 \times 552 \times 7}{36000} = x.$$

279. De même que dans la règle d'intérêt, on peut chercher l'une ou l'autre des quatre quantités, *escompte*, *capital*, *taux* et *temps*. — Une règle de trois donnera dans tous les cas la solution du problème.

2ᵉ PROBLÈME. — Quel est l'escompte de 560 francs pour 6 mois, à 5 p. % par an ?

Formule : $x = \dfrac{5 \times 560}{100 \times 2}$. (Faites l'analyse.)

3ᵉ PROBLÈME. — Quelle est la valeur actuelle d'un billet de 560 francs payable dans 6 mois, escompté à 5 p. % ?

Formule : $x = \dfrac{560 \times 97,50}{100}$. (Faites l'analyse.)

3ᵉ PROBLÈME. — Un capital de 560 fr. s'est trouvé réduit à 546 fr. après escompte à 5 p. % par an. A quel *temps* devait avoir lieu l'échéance du capital ?

Analyse. A un an d'échance, le capital ne vaudrait que $560 - \left(\dfrac{560 \times 5}{100}\right) = 560 - 28 = 532$.

Mais, d'après la question, il est réduit seulement à 546. Or, $560 - 546 = 14$, et 14 étant la moitié de 28, le capital n'a donc que la moitié d'un an d'échéance ou 6 mois.

Trentième Leçon.

RÈGLE DE SOCIÉTÉ.

280. Cette règle, qui serait mieux nommée *règle de répartition proportionnelle*, consiste à partager un nombre en parties proportionnelles à d'autres nombres donnés.

On l'appelle *règle de société* ou de *compagnie*, parce que c'est dans les sociétés commerciales qu'elle est le plus souvent employée, pour répartir les bénéfices ou les pertes entre les associés, proportionnellement à la mise de fonds que chacun a faite. On conçoit que si quatre associés, par exemple, ont tous fait une mise égale, la perte ou le gain sera supporté à part égale par chacun ; mais si les mises sont inégales, il est juste que celui qui court le plus de risques perçoive un plus grand bénéfice, ou réciproquement.

On distingue deux règles de société : la règle simple et la règle composée.

§ Ier. — RÈGLE DE SOCIÉTÉ SIMPLE.

281. La règle de société est simple quand les mises de fonds, proportionnellement auxquelles le partage des pertes ou des profits doit être fait, ou en général, les nombres proportionnellement auxquels la répartition des parties du nombre donné doit être faite, sont exprimés dans la question.

Comme les mises peuvent être tout à la fois différentes et placées pendant des temps différents, la question sera plus ou moins compliquée, mais la solution sera toujours ramenée à de simples proportions.

1° *A temps égaux.*

1er Problème. — On veut partager le nombre 1200 en trois parties qui soient entre elles comme les nombres 5, 4 et 3.

Analyse. La somme des nombres proportionnellement auxquels le partage doit être fait est elle-même dans un certain rapport avec le nombre 1200 qui doit être partagé; de sorte que $5 + 4 + 3$ et 1200 forment un premier rapport; et représentant par x la proportionnelle à 5, $x : 5$ formera le deuxième rapport; d'où la proportion $x : 5 :: 1200 : 5 + 4 + 3$ (1).

Raisonnant de même pour les deux autres parts, et représentant par x' la 2e et par x'' la 3e, on aura :

$$x' : 4 :: 1200 : 5 + 4 + 3 \ (2).$$
$$x'' : 3 :: 1200 : 5 + 4 + 3 \ (3).$$

Et on tire de la (1) $\quad x = \dfrac{6000}{12} = 500$

de la (2) $\quad x' = \dfrac{4800}{12} = 400$

de la (3) $\quad x' = \dfrac{3600}{12} = 300$

En effet, les trois parts :

$$x + x' + x'' = 500 + 400 + 300 = 1200.$$

Scolie. Toute règle de société ou de partage pourra être ramenée par l'analyse à ce cas, que nous avons pris exprès fort simple. En voici des exemples :

2e Problème. — Un homme devait à quatre personnes : à la première il devait,   2454,25
à la deuxième,   5860,00
à la troisième,   3000,25

et à la quatrième autant qu'aux trois premières. Il vient à mourir, et sa succession ne monte qu'à 18104,40 fr. ; quelle somme recevra chaque créancier ?

Solution. Chaque créancier devra perdre proportionnellement à sa créance, ou, ce qui revient au même,
recevoir de l'héritage une partie proportionnelle à sa
créance. Or, l'héritage entier est à la somme des créances,
comme la part d'un seul est à sa créance particulière.
Cherchant d'abord la créance du 4ᵉ, on trouve 11314,50,
et pour somme des quatre créances, 22609,00; d'où les
quatre proportions :

$$x \quad : \ 11314,50 \ :: \ 18104,40 : 22629,00$$
$$x' \quad : \ 2454,25 \ ::$$
$$x'' \quad : \ 5860,00 \ ::$$
$$x''' \quad : \ 3000,25 \ ::$$

D'où $x + x' + x'' + x''' =$ (A faire.)
Et les quatre sommes doivent égaler 18104,40.

Scolie. Quand, dans la répartition, il se trouve des fractions
à chaque part, on se comporte différemment, selon l'espèce
de fraction et selon la question : si ce sont des fractions de
centimes, et qu'il s'agisse de répartir une perte, la somme de
ces fractions de centimes doit être ajoutée à la part de celui
qui perd le moins ; si c'est un bénéfice que l'on partage, elle
doit être ajoutée à celui qui a la moindre part ; s'il s'agit de
choses qui ne puissent être fractionnées, telles que des hommes,
des chevaux, etc., l'unité est ajoutée à la plus petite part proportionnelle.

3ₑ PROBLÈME. — Trois associés ont fait un bénéfice
de 1800 fr. sur une entreprise ; le premier a mis au
fonds commun une somme de 1500 fr. ; le deuxième une
somme de 2740, et le troisième 587,60 ; que revient-il
à chacun? (*A faire.*)

4ᵉ PROBLÈME. — Quatre cantons doivent fournir 210
hommes pour le recrutement de l'armée. Leur population
est de 4750, 3819, 2812, 5206 ames. Répartissez le
contingent proportionnellement à la population de chacun
d'eux. (*A faire*).

2° *A temps inégaux.*

C'est principalement dans le cas d'association commer-
ciale que l'inégalité de temps apporte une différence dans

la réparation des nombres, car le partage des profits ou des pertes est alors proportionnel à la mise de fonds et au temps depuis lequel cette mise existe dans le fonds social. Par exemple :

5e Problème. — Trois associés font un bénéfice de 980 fr.; le premier a mis 300 fr. qui sont restés six mois dans la société; le deuxième a mis 480 fr., pendant quatre mois; et le troisième 240 fr., pendant neuf mois. Que revient-il à chacun?

Analyse.

300 fr. en 6 mois valent autant que 1800 en 1 mois.
480 fr. en 4 mois. . . . . 1920 en 1 mois.
240 fr. en 9 mois. . . . . 2160 en 1 mois.

Donc, en considérant les trois nombres 1800, 1920, 2160, comme ceux proportionnellement auxquels le bénéfice doit être partagé, on ramènera ce cas à la règle d'intérêt simple. (*Solution à faire.*)

§ II. — Règle de société composée.

282. La règle de société est composée quand les nombres, proportionnellement auxquels le partage devra être fait, ne sont pas exprimés dans la question.

Alors c'est le sens qui les détermine à l'aide de l'analyse.

6e Problème. — Trois héritiers doivent se partager 58000 fr., mais, d'après le testament, l'aîné des héritiers doit avoir $\frac{1}{4}$ de la somme; le second les $\frac{1}{3}$; et le troisième les $\frac{1}{2}$ du reste, quand les deux aînés auront prélevé leurs parts; le dernier quart devra servir à payer les frais. Quelle part aura chaque héritier?

Analyse. Si la somme des deux premières parts faisait la moitié du bien, l'autre héritier prélèverait les $\frac{1}{2}$ de l'autre moitié, et le partage se ferait proportionnellement aux numérateurs des fractions; mais $\frac{1}{4} + \frac{1}{3} = \frac{1}{2}$; donc le troisième héritier doit prendre les $\frac{1}{2}$ de $\frac{1}{2} = \frac{1}{4}$ du bien, et réduisant toutes les fractions au même dénominateur, on a pour le premier $\frac{1}{12}$, pour le deuxième $\frac{12}{12}$, pour le

10.

troisième $\frac{1}{4}$, ensemble $\frac{11}{20}$, et l'autre vingtième pour les frais de succession.

Faisant la somme des numérateurs, on aura pour chaque proportion : *la quote-part d'un héritier est à 58000 comme le numérateur de la fraction qui représente sa part est à la somme des numérateurs.*

D'où $x : 58000 :: 4 : 19$, ou bien $x : 4 :: 58000 : 19$

$$\text{pour le 2}^e \ldots \ldots x' : 12 ::$$
$$\text{pour le 3}^e \ldots \ldots x'' : 3 ::$$

Et soustrayant ensuite la somme des trois parts de l'héritage total, on trouve ce qui reste pour les frais.

7e PROBLÈME. — On veut transporter 240 kilogrammes; pour cela on prend deux hommes également forts, une femme qui ne porte que la moitié de la charge d'un homme, et un enfant qui portera le tiers de la charge de la femme. Partagez le fardeau proportionnellement aux forces de chacun.

Analyse. Quand un homme portera 1 kilogramme, la femme portera $\frac{1}{2}$ kilogramme, et l'enfant le $\frac{1}{3}$ d'un $\frac{1}{2}$ kilogramme, ou bien $\frac{1}{6}$ de kilogramme; donc à eux quatre ils porteront $2 + \frac{1}{2} + \frac{1}{6}$, ou bien $\frac{12}{6} + \frac{3}{6} + \frac{1}{6} = \frac{16}{6}$. Et la répartition sera faite proportionnellement aux numérateurs, d'où : $x : 12 :: 240 : 16$

Charge de la femme, $x' : 3 ::$
Charge de l'enfant, $x'' : 1 ::$
               (*Solution à faire.*)

8e PROBLÈME. — Quatre personnes se sont partagé 5290 fr., de telle sorte que la part de la première est à celle de la deuxième :: 3 : 4; celle de la deuxième est à celle de la troisième :: 4 : 7; et celle de la troisième est à celle de la quatrième :: 7 : 9.

Que revient-il à chacune?

Solution. En représentant par 1 la part du premier et par x celle du deuxième, on aura d'après l'énoncé :

$$1 : x :: 3 : 4 \text{ et } x = \frac{4}{3}.$$

En représentant par x' celle du 3e, on aura, d'après l'énoncé, $\dfrac{4}{3} : x' :: 4 : 7 \ldots$ et $x' \dfrac{4 \times 7}{3 \times 7} = \dfrac{7}{3}$.

Enfin, en faisant x'' la part du 4e, on aura :

$$\frac{7}{3} : x'' :: 7 : 9 \ldots \text{ et } x'' = \frac{7 \times 9}{3 \times 7} = \frac{9}{3}.$$

Mais comme la première $= 1$ ou $\frac{3}{3}$, on aura les quatre fractions $\frac{3}{3}, \frac{4}{3}, \frac{7}{3}, \frac{9}{3}$, dont les numérateurs seront les nombres proportionnels à la part de chaque personne, et on trouvera :

Pour la première, $\dfrac{5290 \times 3}{23} = 690$.

Pour la deuxième, $\dfrac{3290 \times 4}{23} = 920$.

Pour la troisième, $\dfrac{5290 \times 7}{23} = 1610$.

Pour la quatrième, $\dfrac{5290 \times 9}{3} = 2070$.

Somme égale. . . . . . . 5290.

Trente-unième Leçon.

RÈGLE D'ALLIAGE OU DE MÉLANGE.

N. B. Quoique les questions qui se rapportent à cette règle n'exigent pas la théorie des proportions, nous les traiterons ici selon l'usage.

283. Les questions relatives à la règle d'alliage sont de deux sortes : 1° ou bien on se propose de connaître la valeur d'un mélange quand on connaît la valeur et la quantité de chacune des matières qui le composent ; 2° ou bien, étant connues la valeur et la quantité du mé-

lange, ainsi que les valeurs des matières composantes, déterminer les quantités de ces matières (1). Dans le premier cas, la règle est dite *règle d'alliage directe* ; dans le second, *règle d'alliage indirecte*.

§ Ier. — RÈGLE D'ALLIAGE DIRECTE.

284. Le cas le plus simple est celui par lequel on veut connaître une quantité moyenne à plusieurs autres, ou un prix moyen à plusieurs prix d'une même marchandise. — Dans ce cas, l'opération est aussi nommée *règle des moyennes*. Pour l'effectuer, additionnez les quantités entre lesquelles vous chercherez une moyenne, et divisez la somme par le nombre des quantités. — Par exemple, la moyenne des nombres 2, 5 et 8 $= \dfrac{2 + 5 + 8}{3} = 5$.

1er PROBLÈME. On vend trois qualités de sucre, la première à 2,70 le kilog., la deuxième à 2,10, la troisième à 1,90 ; quel est le prix moyen de vente ?

Solution. $2,70 + 2,10 + 1,90 = 6,70$.

Et $\dfrac{6,70}{3} = 2,233\ldots$

2e PROBLÈME. Pendant 6 jours, le thermomètre a marqué différents degrés de chaleur, observé à la même heure du jour. Le premier jour il marquait 15°,5; le deuxième, 16°,2 ; le troisième, 18°,6; le quatrième, 12°,9; le cinquième, 17°,3; le sixième, 15°,8 : quelle a été la température moyenne de ces six jours ? (*A faire.*)

— Quand on connaît les diverses quantités de chaque chose mélangée, et le prix de chacune d'elles, on obtient le prix du mélange en multipliant le prix de chaque chose par sa quantité; puis, après avoir additionné les produits, on divise leur somme par la somme des quantités. Le quotient est le prix du mélange.

---

(1) Ne confondez pas *prix* ; *valeur* et *quantité*. Le *prix* d'une chose , c'est la valeur en argent de l'unité de mesure de cette chose. La *valeur*, c'est le prix multiplié par le nombre d'unités que l'on considère. La *quantité* , c'est le nombre même de ces unités.

3e PROBLÈME. On mélange deux sortes de blé, savoir : 20 sacs à 16,50 fr., et 12 sacs à 13 fr. ; quel sera le prix d'un sac du mélange ?

Solution. 1 sac à 16,50 fr. et 1 sac à 13 fr. mélangés ensemble, donneront un prix moyen de $\dfrac{16,50 + 13}{2} = \dfrac{29,50}{2} = 14,75$.

mais 20 sacs à 16,50 = 20 × 16,50 = 330,00 ,
et   12 sacs à 13,00 = 12 × 13 = 156,00 ,

et les 32 sacs ont une valeur totale de. . 486,00 ;

donc le prix d'un sac $= \dfrac{486}{32} = 15,1875$ environ.

§ II. — RÈGLE D'ALLIAGE INDIRECTE.

285. Toutes les fois que, dans la question qui se rapporte à cette règle, il y a plus de deux choses alliées ou mélangées, la solution est *indéterminée*, c'est-à-dire, que le problème peut en admettre plusieurs, et alors il n'appartient plus à la simple arithmétique.

Voici la RÈGLE pour les problèmes à deux quantités :

Soustrayez le plus petit prix du prix total ; soustrayez ensuite le prix total du plus grand prix : cela donne deux différences. Partagez ensuite la quantité du mélange en deux parties proportionnelles aux deux différences trouvées, et ces deux parties seront, la plus grande celle dont le prix est le plus petit, et la plus petite celle dont le prix est le plus grand.

4e PROBLÈME. Dans quelle proportion faut-il mélanger deux farines qui valent, l'une 40 centimes la livre, l'autre 27 centimes, afin d'obtenir un mélange de 35 centimes la livre ?

Opération...
          35 — 27 = 8 , différence du prix total et du plus petit.
          40 — 35 = 5 , différence du plus grand et du prix total.

Les quantités de farines doivent donc être dans le rapport de 8 à 5; ainsi, on prendra 8 livres de farine à 27 et 5 livres à 40, et en effet :

$$8 \text{ livres à } 40 = 320$$
$$5 \quad id. \quad 27 = 135$$

Donc 13 l. valent ensemble 455,

et une livre vaudra $\dfrac{455}{13} = 35$.

6e **PROBLÈME.** On a deux qualités de vin; l'une à 75 c. le litre, l'autre à 50 le litre. Dans quelle proportion faudra-t-il mélanger ces deux qualités pour en remplir un tonneau de 200 litres à 60 cent.?

Opération. $\begin{aligned} 60 - 50 &= 10 \\ 75 - 60 &= 15. \end{aligned}$

Et partageant le nombre 200 en deux parties proportionnelles à 15 et à 10, si on fait x la plus petite, $200 - x$ sera la plus grande, et leur rapport sera celui de $10 : 15 = \dfrac{10}{15} = \dfrac{2}{3}$.

Donc $\dfrac{x}{200 - x} = \dfrac{2}{3}$; d'où réduisant au même dénominateur $\dfrac{3x}{600 - 3x} = \dfrac{400 - 2x}{600 - 3x}$,

supprimant le dénominateur commun, il reste $3x = 400 - 2x$, et ajoutant $2x$ de part et d'autre, il vient :

$$3x + 2x = 400 - 2x + 2x;$$

et réduisant $5x = 400$ (car $2x - 2x = 0$), puis divisant par 5, les deux membres de l'égalité, on a $\dfrac{5x}{5} = \dfrac{400}{5}$, ou bien $x = 80$.

80 est donc le plus petit nombre, et $200 - 80 = 120$ le plus grand; donc, il faudra 80 litres à 0,75 c., et 120 à 0,60.

Vérification. $\quad 80 \times 75 = 60$ fr. 00

$\qquad\qquad\quad 120 \times 50 = 60 \quad 00$

Et 200 l. coûtent 120 fr., et un litre coûtera $\dfrac{120}{200} = \dfrac{3}{5}$ de francs, ou $0,60$ c., car le cinquième l'un franc $= 20$ c. et les $\dfrac{3}{5} = 20 \times 3 = 60$.

7ᵉ **Problème.** On a rempli en 16 minutes un vase jaugeant 66 litres, en fesant couler l'une après l'autre deux fontaines ; le robinet de l'une fournit 6 litres par minute, le robinet de l'autre en fournit 4. Combien de minutes chaque robinet est-il resté ouvert ?

Opération. Si la première fontaine eût coulé seule, elle eût fourni $16 \times 4 = 96$ litres ; dans la même hypothèse, la deuxième eût fourni $16 \times 4 = 64$ litres ; cela posé, le nombre de minutes remplace ici les prix, et on a :

$$66 - 64 = 2$$
$$96 - 66 = 30,$$

et partageant le nombre 16 en deux parties proportionnelles aux deux nombres 2 et 30, dont le rapport $\frac{2}{30}$ simplifié $= \frac{1}{15}$, on voit que ces deux parties doivent être 1 et 15, c'est-à-dire que la fontaine qui fournit 6 litres devra couler 1 minute, et l'autre 15 minutes.

En effet $\quad 15 \times 4 = 60$

$\qquad\qquad\quad 1 \times 6 = 6$

Et il vient, en 16 minutes, 66 litres.

8ᵉ **Problème.** Une jeune personne veut acheter des oranges. Si elle en prend 24, il lui restera 15 sous ; si elle en prend 30, il lui manquera 21 sous. Combien coûtent les oranges, et combien la jeune personne a-t-elle d'argent ?

La différence des oranges $30 - 24 = 6$, prouve que 6 oranges auraient coûté, non-seulement les 15 sous qui restent à la demoiselle en n'en prenant que 24 ; mais encore 21 sous qui lui manquent en en prenant 30, ou bien $21 + 15 = 36$; donc une orange coûte $\frac{36}{6} + 6$ sous.

Donc la jeune personne a une somme de

$$(24 \times 6) + 15 = x,$$
$$\text{ou bien } (30 \times 6) - 21 = x.$$

Trente-deuxième Leçon.

COMPARAISON DES MESURES.

286. Pour convertir des mesures anciennes en mesures métriques de même sorte, il faut établir entre les unités un rapport ou une comparaison. Pour cela, on les réduit en parties fractionnaires de même espèce, et on cherche le quotient des unes divisées par les autres.

1° *Mesures de longueur.*

287. Le texte de la loi fixe la longueur du mètre à 3 pieds 11 lignes 296 millièmes, ou bien à 443 lignes 296.

La toise = 864 lignes; et ces deux longueurs, exprimées en millièmes de ligne, donnent

$$1 \text{ M.} = 443296$$
$$1 \text{ T.} = 864000$$

D'où la proportion, 1 T. : 1 M. : : 864000 : 443296; donc le rapport de la toise au mètre $= \dfrac{864000}{443296} =$ 1,94904; ou, en d'autres termes, 1 T. = 1,94904 M.

De là on tire :

1 pied, évalué en mètre $= \dfrac{1,94904}{6} = 0,32484$ M.

1 pouce, évalué en mètre $= \dfrac{0,32484}{12} = 0,02707$ M.

1 ligne, évaluée en mètre $= \dfrac{0,02707}{12} = 0,002256$ M.

1 lieue géographique = 2280 T. $\times$ 1,94904 = 4443,81 M., ou bien 4,444 kilo. M.

2° *Mesures de surface.*

288. Puisqu'une toise = 1,94904, une T.Q. en M.Q. égalera $(1,94904)^2$ = 3,798744 M.Q., ou bien 3 M.Q. 79 déci M.Q., 87 centi M.Q. 44 M.M.Q., ou bien 3 M.Q. 798744 M.M.Q.

Donc 1 Pi.Q. = $\dfrac{3,798744}{36}$ = 0,105521 M.Q.

ou bien, 10,5521 déci M.Q.

1 P.Q. vaudra $\dfrac{3,798744}{36 \times 144}$ = 0,0007328 M.Q.

ou bien, 7,3278 centi M.Q.

1 ligne Q. vaudra $\dfrac{3,798744}{36 \times 144 \times 144}$ = 0,000005089, ou bien 5,089 milli M.Q.

3° *Mesures agraires.*

La perche de Paris étant équivalente à un carré de 3 T. de côté, sa surface en mètres carrés vaudra 3,798744 × 9 = 34,188696 M.Q., ou bien, 0,3419 ares.

Donc l'arpent, ou 100 perches carrées, vaudra 34,19 ares, ou bien, 0,3419 hectares.

La perche des eaux et forêts étant un carré de 22 pieds de côté, ou 484 pieds en surface, vaudra 484 × 0,105521 = 51,072164 M.Q., ou bien 0,510721 ares.

L'arpent vaudra 100 fois la perche, ou 5107,21 M.Q., ou bien, 0,510721 hectares.

1 lieue géographique carrée, évaluée en M.Q., = $(4443,81)^2$ = 19747447,3161, ou bien, 0,1975 myr. M.Q., en négligeant les dernières décimales.

4° *Mesures de volume.*

289. En élevant à sa 3e puissance la valeur de la toise en mètre, on aura le rapport de la T. C. au M. C., c'est-à-dire $(1,94904)^3$ = 7,403887.

Par un calcul semblable on trouvera que le pied cube

$$= \frac{7,403887}{216} = 0,034277 \text{ M.C.}$$

ou bien, 34,277 déci M.C.

Le pouce cube $= \dfrac{7,403887}{373248} = 0,000019836$ M. C.,

ou bien 19,836 centi M.C.

Enfin la ligne cube $\dfrac{19,836}{216} = 0,01148$ milli. M. C.,

ou bien, en fraction de M. C. 0,00000001148.

La solive étant équivalente à 3 pieds cubes, on aura son rapport au stère ou M.C. en multipliant par 3 le rapport du pied cube au M.C.; ce qui donne 0,034277 $\times$ 3 $=$ 0,102831 M.C.

Le rapport de la corde des eaux et forêts au stère $=$ 0,034277 $\times$ 112 $=$ 3 stères, 839.

5° Mesures de capacité.

290. Le setier de blé de Paris, comparé à l'hectolitre, $=$ 1,5610 H.L., ou bien 156,10 L.

Donc 1 muid $=$ 1,5610 $\times$ 12 $=$ 18,7320 H.L.

$$1 \text{ boisseau} = \frac{1,5610}{12} = 0,13008 \text{ H.L.}$$

ou bien, 13,008 litres.

La pinte de vin valait 0,932 litres,

donc 1 velte valait 0,932 $\times$ 8 $=$ 7,456 litres.

1 muid valait 7,456 $\times$ 36 $=$ 268 litres 416, ou bien 2,684 H.L.

6° Mesures de pesanteur.

291. Des calculs rigoureux ont établi que le kilogramme évalué en pieds anciens, égale 2 livres 5 gros 35 grains 15 centièmes de grain, ou bien 18827,15 grains.

éceeo——

La livre ancienne = 9216 grains.

Donc 1 livre : 1 kilo G. : : 9216 : 18827,15 ;

d'où 1 livre $= \dfrac{9216}{18827,15} = 0,48951$ kilo G.

Par conséquent 1 once $= \dfrac{0,48951}{16} = 0,03059$ kilo G.

$$1 \text{ gros} = \dfrac{0,48951}{16 \times 8} = 0,003824 \text{ K.G.}$$

$$1 \text{ grain} = \dfrac{0,48951}{16 \times 8 \times 72} = 0,0000331 \text{ K.G.}$$

1 quintal $= 0,48951 \times 100 = 48,951$ K.G., ou bien 4,8951 myr. G.

7° *Monnaies.*

292. 81 livres tournois ne valent que 80 francs. Donc le rapport de la livre au franc est de 81 à 80 ;

donc 1 livre évaluée en francs $= \dfrac{80}{81} = 0,9876$ fr.

1 sou vaudra $\dfrac{0,9876}{20} = 0,04938$ francs.

1 denier $\dfrac{0,9876}{20 \times 12} = 0,004115$ francs.

Scolie. Nous ne donnons que le rapport des mesures anciennes aux mesures métriques, parce que c'est le genre de conversion que désormais on aura le plus besoin de pratiquer. D'ailleurs il serait facile de convertir les nouvelles mesures en anciennes, en renversant les rapports primitifs ; ainsi, par exemple, le rapport du mètre à la toise sera $\dfrac{443296}{864000}$, car on aurait 1 M. : T. :: 443296 : 864000. De même le rapport du franc à la livre serait de $\dfrac{81}{80} = 1,0125105$.

Les seuls rapports qu'il soit nécessaire de confier à la mémoire sont, 1° celui de la toise au mètre ; 2° celui de la livre au kilogramme ; 3° celui de la livre tournois au franc ; car de ceux-là il sera facile d'induire tous les autres, et de former soi-même des tables qui facilitent le calcul des conversions.

293. Toutes les conversions d'un certain nombre de mesures anciennes en mesures nouvelles s'effectuent en multipliant les quantités données par le rapport connu. — Quelques exemples suffiront pour concévoir toutes celles qui pourraient être demandées.

1er PROBLÈME. Convertissez en francs une somme de 728 livres.

$$\text{Formule : } \frac{728 \times 80}{81} = x.$$

Car la valeur cherchée est à la valeur donnée :: 80 : 81, ou bien $x : 728 :: 80 : 81$, d'où..... etc.

2e PROBLÈME. Donnez en francs et centimes la valeur d'une somme de 328 livres, 15 sous, 6 deniers;

$$
\begin{aligned}
\text{on aura } 328 \text{ l.} \times 0,9876 &= 323,9328 \\
15 \text{ s.} \times 0,04938 &= 0,7407 \\
6 \text{ d.} \times 0,004115 &= 0,0246
\end{aligned}
$$

D'où 328 l. 15 s. 6 d. $= 324,7981$ francs, ou seulement 324,80.

3e PROBLÈME. Le propriétaire d'un terrain que les titres de possession indiquent comme ayant une étendue de 92 arpents 70 perches de Paris, veut l'échanger contre un autre que l'arpenteur a reconnu avoir 28 hectares 5472 centiares. Les deux terres ayant d'ailleurs la même valeur, le propriétaire devra-t-il donner ou recevoir du surplus?

Solution. La surface du 1er terrain étant évaluée en hectares, on a d'abord :

$$
\begin{aligned}
92 \text{ arpents} = 92 \times 0,3419 &= 31,4548 \\
70 \text{ perches} = 70 \times 0,0034 &= 0,0328
\end{aligned}
$$

En somme. . . . . 31,4876 hect.

Donc le propriétaire devra le prix de $31,4876 - 28,5472$, c'est-à-dire de 2,9404 hectares.

Trente-troisième Leçon.

DES PROGRESSIONS.

Certaines questions pouvant être résolues à l'aide des simples calculs de l'arithmétique par les progressions, nous donnerons quelques préceptes sur ces sortes de combinaisons des nombres sans entrer dans les détails étrangers à notre objet.

294. On nomme *progression* une suite de nombres telle que chacun d'eux est surpassé par celui qui le suit, en allant de gauche à droite par un nombre constant qu'on nomme *raison progressive.*

Par exemple, la suite des nombres naturels,

$$1, \quad 2, \quad 3, \quad 4, \quad 5, \quad 6, \quad 7,$$

forme une progression; la suite des nombres,

$$12, \quad 24, \quad 48, \quad 96,$$

forme aussi une suite progressive. — Dans la première, chaque nombre diffère de celui qui le suit d'une unité; l'unité est donc *la raison*. — Dans la seconde, le second nombre est le double du premier, le troisième double du second, etc. Ici ce n'est plus un nombre constant ajouté, c'est un quotient *constant*, obtenu par la division d'un terme par celui qui le précède.

Ce qui fait établir deux sortes de progressions : les progressions par différence, les progressions par quotient.

§ Ier. — PROGRESSION PAR DIFFÉRENCE.

295. Des nombres sont en progression par différence, quand l'un quelconque surpasse ou est surpassé par celui qui le précède ou qui le suit d'une différence qui est partout la même.

Ainsi : 1 . 3 . 5 . 7 . 9 . 11 . 13.... (A)
Et : 13 . 11 . 9 . 7 . 5 . 3 . 1 .... (B)

sont deux progressions par différence dont la raison est 2 ; mais la première est dite *croissante*, parce que les nombres croissent ou augmentent, tandis que la seconde est *décroissante*.

Une progression par différence n'est autre chose qu'une suite d'équidifférences continues, car chaque terme, sauf le premier et le dernier, est égal à la moitié de la somme des deux qui l'avoisinent à droite et à gauche, c'est-à-dire qu'il est leur moyen différentiel. (*Voy.* n° 240.) Ainsi, dans la progression (A), on a :

$$3 = \frac{1 + 5}{2}; \quad 9 = \frac{7 + 11}{2}$$

Il en est de même de la progression (B).

296. Un terme quelconque d'une progression par différence est toujours égal au premier, plus la raison répétée autant de fois qu'il y a de termes avant celui que l'on considère. Ainsi le terme 11, qui est le sixième de la progression (A), $= 1 + 5$ fois la raison 2 ; en effet, $1 + (2 \times 5) = 11$.

Si la progression est décroissante, comme la progression (B), le terme que l'on considère est égal au premier, moins la raison répétée autant de fois qu'il y a de termes avant lui.

Ainsi : $5 = 13 - (2 \times 4)$, parce qu'en effet il y a quatre termes avant lui.

297. Dans toute progression, il faut considérer le premier terme, le dernier, la raison et le nombre de termes ; chacune de ces quatre choses peut être inconnue tour à tour, et on peut la connaître au moyen des trois autres.

1° Pour connaître le dernier terme, on multiplie la raison par le nombre de termes moins 1, on ajoute le premier au produit, et le résultat est le nombre cherché.

Ainsi dans la progression (A) $13 = 1 + (2 \times 6)$; car 13 est le septième terme.

2° Le premier terme égale le dernier, moins la raison multipliée par le nombre de termes moins 1.

Ainsi $1 = 13 - (2 \times 6)$.

3° La raison s'obtient en soustrayant le premier terme

du dernier, et divisant le reste par le nombre de termes diminué de 1.

Ainsi $\dfrac{15 - 1}{7 - 1} = \dfrac{12}{6} = 2$.

4° Le nombre de termes se connaît en soustrayant d'abord le premier terme du dernier, et ajoutant au reste la raison ; puis on divise ce résultat par la raison.

Ainsi $\dfrac{15 - 1 + 2}{2} = \dfrac{12 + 2}{2} = \dfrac{14}{2} = 7$.

Scolie. Si la progression était décroissante, les opérations s'effectueraient en sens contraire, c'est-à-dire en mettant du + où il y a du —, et du — où il y a du + ; ce qu'il est facile de vérifier sur la progression (B).

298. La somme des termes d'une progression par différence s'obtient en additionnant le premier terme et le dernier, en multipliant cette somme par le nombre de termes, et divisant le résultat par 2.

Ainsi $\dfrac{(1 + 13) \times 7}{2} = \dfrac{7 + 91}{2} = \dfrac{98}{2} = 49$.

Voici des applications de ces propriétés à diverses questions.

1er PROBLÈME. — Quelqu'un devait une certaine somme dont il s'est acquitté en plusieurs mois, par des paiements égaux. Le premier a été de 20 francs ; le deuxième, de 25 ; le troisième, de 30 ; et ainsi de suite jusqu'au dernier, qui a été de 100 francs. — Combien de mois a-t-il mis à s'acquitter ?

Le nombre de mois représente le nombre des termes, et chaque paiement est un terme de la progression. — Puisque l'on connaît le premier terme 20 francs, le dernier 100, et la raison 5, on aura le nombre de termes par la quatrième règle.

Formule. $\dfrac{100 - 20 + 5}{5} = x$.

2e PROBLÈME. — Un homme devait une certaine somme ; il convient de s'acquitter en 17 paiements, en commençant par 20 francs, et augmentant chaque fois de 6 francs sur le paiement précédent. Combien paiera-t-il au dernier?

Les 17 paiements feront une progression, puisqu'ils croîtront toujours d'un même nombre; 20 francs sera le premier terme, 5 la raison.

Et, d'après la première règle, $20 + (5 \times 16) = x$.

3ᵉ PROBLÈME. — On fait creuser un puits, et l'on donne à l'ouvrier 2 fr. 50 c. pour le premier mètre, 2 fr. 75 c. pour le deuxième, et ainsi de suite, augmentant toujours de 1 fr. 25 c. par mètre. Il trouve l'eau à 21 mètres de profondeur; que doit-on lui payer?

Les 21 paiements successifs formeront les 21 termes d'une progression, dont le dernier est égal à $1{,}50 + (1{,}25 \times 20)$.

Donc la somme est égale à :

$$\frac{1{,}50 + [150 + (1{,}25 \times 20)] \times 21}{2}.$$

Nota. Commencez par chercher la valeur du dernier terme.

4ᵉ PROBLÈME. — On a acquitté une dette en onze paiements, augmentant chaque jour d'une même somme. Le premier a été de 110 fr., et le dernier de 280 fr. — Quelle a été la différence d'un paiement à un autre?

D'après la troisième règle, raisonnez cette solution.

5ᵉ PROBLÈME. — Un propriétaire a fait planter une file de 150 arbres écartés de 4 toises; un ouvrier a mis au pied de chaque arbre une brouette de terreau qu'il est allé chercher à 20 toises du premier arbre, et après le dernier, il est revenu déposer sa brouette au tas de terreau.

On demande combien de jours l'ouvrier a mis pour terminer cette besogne, sachant qu'il a travaillé 8 heures par jour, et que, l'un dans l'autre, il a fait une lieue de 2500 toises par heure.

Le premier terme de la progression sera 20 toises d'aller et 20 toises de retour; le second sera $24 + 24$; le troisième,

28 + 28...., etc., ou bien 40, 48, 56....; donc la raison sera 8, le premier terme 40, et le nombre de termes 150 ; donc le dernier = 40 + (149 × 8) = 40 + 1192 = 1232 toises.

Connaissant le premier, le dernier, et le nombre des termes, on aura la somme en exécutant la formule :

$$\frac{(40 + 1252)\, 150}{2} = 190800 \text{ toises.}$$

$\dfrac{190800}{2500} = 76$ lieues $\dfrac{8}{25}$; et l'ouvrier faisant 8 lieues en 1 jour, mettra un nombre de jours $= 76\,\dfrac{8}{25}$ divisé par 8 ; c'est-à-dire 9 jours et 54 centièmes de jour ; environ 9 jours et demi.

Trente-quatrième Leçon.

§ II. — PROGRESSION PAR QUOTIENT.

299. Les suites de nombres

$$2 \ : \ 6 \ : \ 18 : 54 : 162 : 486 : 1458..... \text{ (A)}$$
$$1458 : 486 : 162 : 54 : \ 18 \ : \ 6 \ : \ 2 \ \ ..... \text{ (B)}$$

sont deux progressions par quotient, dont la raison est 3. L'une est croissante, l'autre est décroissante.

Une progression par quotient est une série de proportions continues ; car chaque terme, sauf le premier et le dernier, est égal à la racine carrée du produit des deux termes entre lesquels il est placé, c'est-à-dire qu'il est moyen proportionnel à ces deux termes. Ainsi, dans la progression (A)

$$54 = \sqrt{18 \times 162} = \sqrt{2916} ;$$ il en est de même dans la progression décroissante.

300. Dans une progression par quotient, un terme quelconque est toujours égal au premier, multiplié par la raison élevée à une puissance dont le degré est marqué par le nombre de termes qui sont avant celui que l'on considère ; c'est-à-dire que si ce terme est le 26e, par exemple, la raison devra être élevée à la 25e puissance.

12

Ainsi, dans la progression (A), le cinquième terme

$$162 = 2 \times 3^4 ;$$

or, si la puissance quatrième d'un nombre s'obtient en multipliant la puissance deuxième par elle-même,

$$3^4 = 3^2 \times 3^2 = 9 \times 9 = 81 ; \text{ donc } 162 = 2 \times 81.$$

On conçoit que ce calcul deviendrait, pour de grands nombres et pour une puissance un peu élevée, très laborieux et même interminable. L'emploi des *logarithmes* les abrège beaucoup, puisque l'élévation d'une puissance quelconque se réduit à une simple multiplication.

301. De même que dans les progressions par différence, il faut considérer le premier terme, le dernier, la raison et le nombre de termes d'une progression par quotient ; et, quand trois de ces choses sont connues, la quatrième peut le devenir si elle est inconnue.

1° Le dernier terme est égal au premier, multiplié par la raison prise autant de fois facteur moins une qu'il y a de termes dans la progression.

Ainsi $1458 = 2 \times 3^6 = 2 (3^2 \times 3^2 \times 3^2) = 2 \times 729.$

2° Le premier terme est égal au dernier divisé par la raison élevée à une puissance égale au nombre de termes de la progression moins 1.

Ainsi $2 = \dfrac{1458}{3^6} = \dfrac{1458}{729}.$

3° La raison s'obtient en divisant le dernier terme par le premier, et en extrayant la racine du quotient ; le degré de cette racine est égal au nombre de termes moins 1 que contient la progression.

Ainsi $3 = \sqrt[6]{\dfrac{1458}{2}} = \sqrt[6]{729}$

Mais, pour extraire la racine sixième d'un nombre, ainsi que toute racine élevée, il faut de toute nécessité recourir à l'emploi des logarithmes.

Cependant, remarquons en passant que la racine quatrième d'un nombre = la racine carrée de sa racine carrée.

Ainsi $\sqrt[4]{81} = \sqrt{\sqrt{81}}$;

Or, $\sqrt{81} = 9$ et $\sqrt{9} = 3$.

De même $\sqrt[6]{}$ d'un nombre = la racine carrée de sa racine cubique, ou la racine cubique de la racine carrée.

Ainsi $\sqrt[3]{729} = 9$ et $\sqrt{9} = 3$.

Ou bien $\sqrt[2]{729} = 27$ et $\sqrt[3]{27} = 3$.

Et, à l'aide de ces premières données, on pourrait encore, quoique avec peine et lentement, obtenir certains résultats.

4° Enfin, le nombre de termes d'une progression par quotient s'obtient par des moyens supérieurs à ceux que la simple arithmétique peut mettre en usage.

Scolie. Quand la progression est décroissante, le résultat précédent s'obtient par des opérations inverses, c'est-à-dire qu'il faut multiplier au lieu de diviser, extraire des racines au lieu de former des puissances, etc.

302. La somme des termes d'une progression par quotient s'obtient en multipliant d'abord le dernier terme par la raison, et soustrayant le premier terme; puis on divise le résultat par la raison diminuée de 1. Ainsi, soit x la somme de la progression (A), nous aurons :

$$x = \frac{1458 \times 3 - 2}{3 - 1} = \frac{4374 - 2}{2} = \frac{4372}{2} = 2186.$$

Ce qu'il est facile de vérifier.

Les questions que la simple arithmétique peut résoudre sur les progressions par quotient sont peu nombreuses; nous en offrirons cependant un exemple.

PROBLÈME. — Quelqu'un a payé une dette de 27305 francs en 7 années, par paiements progressifs; le premier paiement a été de 5 francs, et le dernier de 2480 ; quels ont été les autres paiements ?

Il s'agit de trouver la raison ; or, d'après la troisième règle, la raison égale la racine sixième de $\dfrac{20480}{5}$, et $\dfrac{20480}{5} = 4096$,

$$\sqrt[6]{4096} = \sqrt[2]{} \text{ de } \sqrt[3]{4096}.$$

Par conséquent $\sqrt[3]{4096} = 16$ et $\sqrt{16} = 4$.

Donc les paiements successifs auront formé la progression

$$5 : 20 : 80 : 320 : 1280 : 5120 : 2480.$$

PROBLÈME. — Quelqu'un s'est acquitté d'une dette en 7 années ; la première il a donné 5 francs ; la deuxième, 20 francs ; la troisième, 80 francs, et ainsi de suite ; quelle somme devait-il ?

Solution. Cherchez d'abord le dernier terme, qui vous est nécessaire pour connaître la somme. Le premier terme étant 5, et la raison 4, le dernier terme est égal à $5 \times 4^6 = 5 \times 4^3 \times 4^3 = 20480$ (*Voy.* n° 301). Le dernier terme étant trouvé, il vient (*Voy.* n° 302) la formule :

$$\frac{(20480 \times 4) - 5}{4 - 1} ; \text{ et effectuant, on trouve :}$$

$$\frac{81920 - 5}{3} = \frac{81915}{3} = 27305.$$

Et 27305 francs sont bien la somme à payer.

PROBLÈME. — Quelqu'un doit 27305 francs, et s'engage à payer cette somme en 7 années ; mais, ne pouvant donner que 5 francs la première, il faudra qu'au bout de la septième il compte 2480 francs ; de combien chaque paiement devra-t-il augmenter sur l'autre ?

(*A faire*).

On pourrait encore offrir quelques exemples ; mais la plupart des questions qui se rapportent à ces progressions exigent l'emploi des tables de logarithmes ; elles sortent donc du cadre dans lequel nous avons dû nous maintenir.

FIN DE LA DEUXIÈME ET DERNIÈRE PARTIE.

TABLE

DES MATIÈRES.

QUESTIONNAIRE.

(Les questions marquées d'un astérisque indiquent des parties qui
ne sont pas exigées des aspirants aux brevets de capacité pour
l'instruction primaire élémentaire.)

PREMIÈRE PARTIE.

DEUXIÈME PARTIE.

FIN DE LA TABLE.

IMPRIMERIE D'HIPPOLYTE TILLIARD, RUE St.-HYACINTHE, 30.

EXTRAIT DU CATALOGUE GÉNÉRAL
De la Librairie de Pitois-Levrault et Cie,

MAITRE PIERRE
ou
....ANT DE VILLAGE

- .... sur la physique; par ....40 c.
- .... sur l'astronomie, par Lemain .... 60 c.
- .... sur l'industrie par C. P. Bord. 60 c.
- .... sur la mécanique, par A. Perro avec beaucoup de fig. 60 c.
- .... sur l'histoire ; par M. L. D. 60 c.
- Histoire des français; par Boch.... 80 c.
- Entretiens sur la chasse, par .... 60 c.
- .... sur le calendrier; par .... 1 fr. .... avec planches. 90 c.
- .... sur l'éducation .... 60 c.
- .... sur le ... 60 c.
- .... plète; par Saint-Germain .... cartes. 1 fr.
- .... graphie de la France; par .... avec cartes. 1 fr.
- .... en campagne; par Le Dim.. 50 c.
- .... les préjugés populaires ; par .... 50 c.
- .... sur ses petits-.... par X. May... 60 c.
- .... à la campagne ; par .... 60 c.
- .... par Saint Germain. 60 c.
- .... la physiologie; p. le d' Cerise. 50 c.
- .... sur la botanique; par le prof. Fée, avec planches. 90 c.
- .... sur l'hygiène ; par Chambray 50 c.
- .... sur la géométrie; par le prof. Sargus, avec figures. 60 c.
- Entretiens sur les animaux domestiques; par le D' Lacauchie. 40 c.
- Notions sur l'agriculture; par V. Benda 60 c.
- Entretiens sur les inventions utiles; par Saint Germain. 50 c.
- .... sur la navigation ; par E. M. C. 50 c.
- Éléments de géologie; par M. 50 c.
- Entretiens sur les voyages de découvertes; par Saint Germain; avec cartes 1 fr.
- .... sur l'histoire de la révolution française; par le même. 1 fr.
- .... la morale ; par Deleasse. 60 c.
- .... sur la zoologie; par le prof. Fée 60 c.
- .... sur les animaux venimeux et les venins nuisibles; par le D' Garroi. 60 c.
- .... sur l'histoire ancienne ; par Saint Germain; avec cartes. 1 fr.
- .... sur les mammifères; par le D' Lorebouillet, avec figures. 90 c.
- .... sur la minéralurgie; par Taubeau. 60 c.
- .... sur les principaux personnages célèbres de la France jusqu'en 1789; par L. M. C. 60 c.
- .... les oiseaux; par le professeur Fée, avec figures. 90 c.
- .... sur l'hist. du moyen âge; par St-Germain. 1 fr. 25 c.
- .... sur le .... métrique; par Bonnaire. 50 c.
- .... sur les plantes utiles à l'homme ; par Millot, 75 c.
- .... sur l'histoire moderne; par Saint-Germain. 1 fr. 25 c.
- .... sur la connaissance du corps humain; par le D' Broc. Sous presse.

COLLECTION
DE
M. LE CHANOINE SCHMID.

Ornée de gravures et vignettes.
Chaque volume in-18 broché.
.... Cartonnage ordinaire, 50 c.
Joli cartonnage gaufré, 75 c. Figures coloriées, 1 fr.

CETTE COLLECTION SE COMPOSE DES OUVRAGES SUIVANTS:

Agnès ou la petite journée de Imh..
La Colombe, le Serin et le Ver luisant.
Contes à l'adolescence ; 2 vol.
La Corbeille de fleurs.
La Croix de bois, l'Enfant perdu et la Chapelle de la forêt.
Fernando.
Le bon Fridolin ; 2 vol.
Geneviève de Brabant.
Guirlande de houblon.
Henri d'Eichenfels.
Eudoxie.
Nouveaux petits Contes.
Les Œufs de Pâques.
Petits Contes.
Le petit Mouton et la Mouche.
Rose de Tannenbourg. 2 vol.
Sept nouveaux Contes.
Théophile.
Petit Théâtre.
La Veille de Noël.
Jean-Marie, ou les fruits d'une bonne éducation.
Eustache, histoire des premiers temps du christianisme.
Myrtinda, comtesse de Bretagne.
Itha, comtesse de Toggenbourg.
Les deux Frères.

Histoires de l'Ancien Testament.
Histoires du Nouveau Testament.

Suite aux Contes du chanoine Schmid.

La Chaumière irlandaise.
Pierre, ou les suites de l'ignorance.
Minona.
La famille Oswald.
L'asile des petits enfants.
Théâtre de la Jeunesse.
Iduna.
Charles Seymour.
Paraboles.
Nouvelles Caraboles.
Valérien.
Théona.
La famille africaine.
Étrennes.
Nouvelles Étrennes.
La Barque du pêcheur.
Historiettes pour les enfants.
Le Petit Fauconnier.

On trouve à la même librairie.

Grammaire des écoles primaires supérieures, des pensions, des collèges et des gens du monde; par Ch. Martin et Éd. Braconnier, deuxième édition. Prix, 1 fr. 75 c.

Abrégé de la Grammaire Populaire; par Ch. Martin, deuxième édition. Prix, 60 c.

Enseignement du calcul mental; par Ferber, in-12. Prix, 1 fr. 25 c.

Collection de Tableaux, présentant plus de 2000 problèmes à résoudre, avec les solutions; par le même. Prix, 2 fr. 25 c.

Arithmétique raisonnée, par M. Baget. Prix, 1 fr. 75 c.

Cours de Cosmographie et de Géographie; par MM. Ch. Martin et Braconnier, 1 vol. in-18. Prix, 90 c.

Petite Géographie Populaire; par les mêmes. Prix, 60 c.

Traité élémentaire des poids et mesures métriques; par Penot, 4 tableaux. Prix, 60 c. — Le même, en cahier in-8°. Prix, 60 c. — Le même, avec les mesures locales, 5 tableaux. Prix, 75 c.

Livre d'instruction morale et religieuse, autorisé par le conseil royal. Prix, 1 fr. 25 c.

Manuel d'exercices de style et de compositions, par Hoffet. Prix, 2 fr. — Manuel de l'élève. Prix, 75 c.

Résumé de l'Histoire de France; par Ch. Martin. Prix 1 fr. 25

Analyse grammaticale raisonnée; par le même, 8e édition, 1 vol. in-12, cartonné. Prix, 1 fr.

Analyse logique raisonnée; par le même, 7e édition, 1 vol. in-12, cartonné. Prix, 1 fr.

Art d'enseigner la langue française; par le même, 1 beau vol. in-12, cartonné. Prix, 1 fr. 75 c.

Le complément des études sur la langue française, ou Rhétorique pratique des écoles primaires; par le même, 3e édition. Partie du maître, 1 vol. in-12. Prix, 1 fr. 75 c. Partie de l'élève, 1 vol. in-12. Prix 1 fr.

Premières lectures françaises pour les écoles primaires; par J. WILLM, adoptées par le Conseil royal, 1 vol. in-12. Prix, 1 fr.

Secondes lectures françaises, à l'usage des classes supérieures des Écoles primaires; par J. WILLM; adoptées par le Conseil royal, 1 vol. in-12. 2 fr. 50 c.

Tableaux de lecture (44), plus les prières avec le li d'emploi pour le maître. Prix, 5 fr.

Syllabaire, ou premier livret de lecture, contenant les tableaux ci-dessus. Prix, 25 c.

Second livret de lecture, à l'usage des écoles primaires. *Ouvrage approuvé par le Conseil royal*, 1 vol. in-18. Prix, 20 c.

Imprimerie d'Hippolyte TILLIARD, rue St-Hyacinthe-St-Michel, 30.

www.ingramcontent.com/pod-product-compliance
Lightning Source LLC
Chambersburg PA
CBHW070245200326
41518CB00010B/1697